中国传统木结构营造与当代智造再设计研究

Chinese Traditional Wood Structure
Construction and Intelligent Manufacturing
Redesign

付久强　夏逸雨　孙少杰 —————— 著

北京理工大学出版社
BEIJING INSTITUTE OF TECHNOLOGY PRESS

图书在版编目（CIP）数据

中国传统木结构营造与当代智造再设计研究／付久强，夏逸雨，孙少杰著．－－北京：北京理工大学出版社，2022.7

ISBN 978－7－5763－1564－6

Ⅰ．①中… Ⅱ．①付… ②夏… ③孙… Ⅲ．①古建筑—木结构—建筑艺术—研究—中国 Ⅳ．①TU－881.2

中国版本图书馆 CIP 数据核字（2022）第 135006 号

出版发行／北京理工大学出版社有限责任公司
社　　址／北京市海淀区中关村南大街 5 号
邮　　编／100081
电　　话／（010）68914775（总编室）
　　　　　（010）82562903（教材售后服务热线）
　　　　　（010）68944723（其他图书服务热线）
网　　址／http：//www.bitpress.com.cn
经　　销／全国各地新华书店
印　　刷／保定市中画美凯印刷有限公司
开　　本／710 毫米×1000 毫米　1/16
印　　张／11.5　　　　　　　　　　　　　责任编辑／吴　博
字　　数／145 千字　　　　　　　　　　　文案编辑／李丁一
版　　次／2022 年 7 月第 1 版　2022 年 7 月第 1 次印刷　责任校对／周瑞红
定　　价／78.00 元　　　　　　　　　　　责任印制／李志强

前言

随着制造语境席卷全球，人们的日常生活正在被重新定义与塑造。

本书从中国传统木结构营造的视角出发，探讨传统技艺与智能制造结合的可能性与意义，并在此基础上进行了应用设计实践，希望能让读者在理论框架之上观察尽可能多样化的设计实例。

本书是 2019 年教育部人文社会科学研究青年基金项目（标准号 19YJC760020）的重要组成部分，也是项目的总结报告。从技艺研究到价值探索，本书对当代产品中木结构创新应用与设计理念进行了详尽且细致的分析。我们从"为何再设计"出发，思考现代设计语境下传统技艺的本质与价值，并通过大量的设计案例得出"怎么做"的再设计方法论，最终落脚于教学实践，指导研究生进行了深入的课题分析，并产出了较为合理的成果。在这个闭环中，把一个形而上的"传统与智造再设计"概念，变成了一个在实际操作层面上可以清晰运用的原则。

作为设计师，在智造转型发展的道路上，需要展望新技术，更需要回溯旧传统。一味认为技术的迭代会实现所有的设计可能，这是一种臆想；相反，如果只陷入怀旧的定式思维，沉浸在熟悉的木材料与结构中，亦会迷失设计的真实性。技术发展是社会进步带来的必然变化，但它仍然只是一种新生的技术环境而非创造本身，关键是要在新的技术环境中运用传统的营造智慧，探索出传统适应现代场景的新价值。

真诚希望我们的工作能够为读者带来有价值的思考。但也考虑到项目开展时间紧凑，任务繁重，不足之处在所难免，我们非常愿意听到读者对本书的批评建议，期待在各位研究者的共同努力下，寻找传统技艺与智造转型融合发展的新契机，形成传统智慧与先进科技的良性互动。

本书在编写的过程中得到了北京理工大学设计与艺术学院及北京理工大学出版社的大力支持，在此致谢。

作　者

2022 年 4 月 30 日

目录

01

第 1 章
导　论

中国传统木结构营造与当代智造再设计研究

Chinese Traditional Wood Structure Construction and
Intelligent Manufacturing Redesign

1.1 智造创新背景下的中国传统木结构营造技艺

　　传统木结构营造技艺是中国重要的非物质文化遗产，具有极高的文化、审美与民俗等方面价值。随着社会经济的发展，与许多非物质文化遗产一样，中国传统木结构营造技艺面临受众群体减少、传承人缺乏及与现代人生活渐行渐远等发展困境。目前，对非遗的保护与传承存在两种途径：一是数字化、系统化的记录与重现；二是传统技艺的现代应用场景探索。在中国制造业向智能转型的过程中，不妨回顾传统技艺，并寻找其与现代智造的结合点。此举不仅是提升传统木结构营造技艺的延续性、适应性的渠道，也是展现新时代社会价值的窗口，更是探索我国智慧家居多元化环境的契机。在智能家居生态中融入传统材料与技艺，赋予更多人文和自然价值，优化大部分智慧家居冰冷、淡漠的产品形象，可全面提升用户使用感受。现代社会多元思想与传统文化、社会与个人的复杂碰撞，并不会带来传统的终结，相反成为木结构营造与智造融合发展的契机，将技艺的积极因子现代化，形成自然经济与社会的良性互动。

1.2 概念界定

1.2.1 中国传统木结构

我国传统木结构建筑主要采用"构木成架"的框架结构体系，梁柱构件之间采用榫卯连接，木柱浮搁于础石之上，抗震性能优越，特有的斗拱结构形式构思巧妙、形态美观。但传统木结构多以原木或锯材为主材，构件尺寸大、用料多，较依赖于天然林业资源。榫卯、斗拱施工工艺复杂，难以适应现代社会的发展需要，近年来建造不多。有关传统木结构的研究主要集中于传统木结构理论、历史建筑的保护与维修，如针对榫卯、柱础等连接节点的受力性能研究、历史建筑的力学性能测试和加固维修等。

1.2.2 营造技艺

中国传统木结构营造是古老的汉族传统手工技艺，由徽派传统民居营造技艺、北京四合院传统营造技艺、"香山帮"传统建筑营造技艺与闽南民居营造技艺构成，是以木材为主要材料，以榫卯结构为主要结合方法，以模数制为尺度设计和加工生产手段的建筑营造技术体系。2009 年，该技艺入选联合国人类非物质文化遗产。

1.2.3 当代智造

"智造"具体指智能制造，可以从两个方面来解释：一是产品在生产过程中引入智能控制，其目的是提高生产效率；二是在产品开发过程中，将高科技引入现有产品中，使"中国制造"转变为"中国创造"，令产品具有智能属性，拥有更高的附加价值。

1.3 研究价值与重点难点

1.3.1 理论价值

在分析未来 10 年中国智造的呈现形式与演变方向的基础上，归纳中国传统木结构中适合当代人审美的工艺与材料，从而总结传统木结构技艺在当代产品中的利用方式与发展方向。

探索可以与智能产品、现代制造相结合的具体传统木结构与材料，从而建立面向未来的木结构工艺资料库。

构建面向中国传统木结构营造的产品智造设计模型，该模型从智能产品的用户偏好、产品外观特征、传统木结构的情感价值、传统技艺的融合方法、智能家居的自然体验 5 个方向进行关系定义与解释，从而总结面向中国传统木结构的产品智造设计评估方法。

1.3.2 应用价值

该项研究有利于传统木结构营造技艺的保护与发展。虽然传统木结构营造技艺具有极高的文化、审美、民俗等方面价值，但随着社会经济的发展，与许多其他非物质文化遗产一样，面临受众群体日益减少、传承人缺乏，与现代人的生活渐行渐远等困境。本研究的成果不仅有利于木结构营造技艺的保护，更可以帮助其在现代社会中重新创造发展空间，为传承与发展提供了新思路。

该项研究有利于智能家居提升产品品质，产生更高的价值。现今我国智能家居产品存在着是产品外观、安装形式与家居环境不协调等一系列问题，给人一种冰冷、数字化、复杂、没有文化积淀的感受。将中国人喜爱的传统木材工艺，如大木作、小木作、瓦作、砖作有机、协调地融合于智能硬件中可以增强智能家居的亲和力，同时也可以提升智能产品的艺术属性，使人们更容易接受、使用智能产品。

1.3.3　重点与难点

如何定义现代人对于传统木结构的偏好属性，这些偏好属性是否在未来10年发生巨大的变化？如何将传统木结构营造与现代智造的相融合，融合模式是什么？如何进行理论验证，是否结合实证研究就是有效、客观、全面的？如何进行面向众筹的设计实践评估，我们设计的产品是否是融合传统木结构最佳的表现形式、并可以被用户认可？这四个问题是研究拟突破的重点和将要面临的难点。

（1）定义现代人对于传统木结构的偏好属性。

（2）探索中国传统木结构营造与智造融合的创新设计模式。

（3）构建面向中国传统木结构营造的产品智造设计模型。

（4）设计实践评估与理论再检验。

1.4 国内外研究现状

1.4.1 中国传统木结构营造技艺的研究现状与现实问题

现有文献中，对中国传统木结构营造介绍、剖析和保护的研究有很多，并非常全面；对其要适应互联网时代的论述有一些，但这些研究多没有给出具体的解决措施；对于如何通过"互联网＋"与"工业4.0"等新技术、新理念改变传统木结构技艺的整体生存状态，提升时代适应性，创造全新发展空间，并给出具体解决方案的文献相对较少。

徐来（2016）提出，利用互联网思维来指导传统木结构技艺的创作方向。他认为互联网思维就是跨界融合，传统木结构技艺只有与新技术结合才能实现"双创"，才能发展。但他的研究只提出了方向，并没有给出具体的解决措施。黄益军、宋玉珍（2017）明确提出传统木结构营造要与科技融合，并以闽南民居的营造技艺为例，阐述在设计、生产、营销、维修方面与科技结合的具体路径。该研究的思路是利用现代电脑建模手段，使用传统木结构制造新时期的闽南住宅与家具，但研究并没有分析现代人的审美与偏好，现代住宅是否可以大量应用传统木结构。因此，该研究无法给出具体的设计模式并进行验证。

全国政协委员、苏州大学社会学院陈红霞对"香山帮"木结构技艺衰落的原因进行了总结：①匠人的收入低、劳作苦，一般的匠人年薪不超过3万元，而做得好的匠人年薪不超过5万元，本地几乎没有年轻人愿意从事匠人职业，"香山帮"面临着后继乏人、技艺失传的尴尬局面。"香山帮"工匠老龄化趋势严重，一般工匠年龄在 40 岁以上；②"香山帮"传统营造技艺面临走样的困境。由于"香山帮"技艺的传承方式主要还是口传心授，所以并非短时即能奏效。目前，不少的仿古建筑只能临摹到"香山帮"传统技艺的"形"而无"魂"，做出的活儿走样的多。

1.4.2 产品智造的研究现状与现实问题

智造与智能硬件、智能家居紧密关联。国内外在智能技术、人因工学、交互设计、测试手段等方面的研究十分全面；国内对于如何提升智能产品的亲和力，使其协调地融入现代生存环境的研究相对较少，而国外在此方向研究较多；国内外对于如何利用中国传统木结构技艺提升智能产品的亲和力、艺术性与人文关怀的研究很少。

韩国学者 DongWooSeo 等（2016）通过虚拟现实技术对智能家居进行用户体验测试，并构建微观实验模型，其目标是提升智能家居与智能硬件的可用性，为开发更加人性化的智能家居系统提供数据与理论支撑。但他的研究并没有涉及具体的智能硬件材料与工艺构成。曹海洋、金世成（2016）提出智能家居对于室内设计的适应性发展方案。他们在研究中论述了智能家居系统在现代室内设计中的新地位，并结合室内设计的特点，归纳了室内智能化系统设计与室内设计相适应的一些思路。他们的解决措施主要立足于使用者的身心体验，将绿色建筑与生态建筑同智能家居融合，在其研究中并没有提到利用传统木结构技艺来提升智能硬件本身的亲和力与艺术性。

在我国，智能家居或智能硬件主要存在四个问题：①智能产品单独存在，每个产品需要独立的供电设备，使家居空间变得混乱；②智能产品外观与家居空间不协调，无法和传统家居产品有机地融合，破坏了家居的温馨气氛；③产品提供了不必要的功能，很多智能功能是可以使用传统产品替代的；④产品提供了过多提示性信息，打扰了人们的生活，使人们注意力很难集中。

1.4.3　发展趋势

将传统材料与工艺融入智造具有可行性与必要性。在我国，智能家居与智能硬件主要由大型互联网企业研发，如小米公司、百度与阿里巴巴集团控股有限公司等。近两年，这些企业已经开始有意识地将中国传统材料与工艺融入智能硬件中，如小米公司2017年将生产传统实木家具的"铜师傅"作为生态链合作企业。"铜师傅"的现有产品并不具有智能功能，而是使用中国传统红木与黄铜作为产品的主要材料，制作工艺采用榫卯连接。未来，"铜师傅"的单品发展方向将是结合传统材料与工艺的智能产品。另外，在淘宝众筹项目中，使用传统材料与工艺制作的现代智能产品得到了市场的广泛认可，如用陶瓷制作的智能控制灯，用榫卯结构制作的智能八音盒等。这些现象充分说明了融合传统工艺与当代"智造"的巨大价值。正如宁家骏（2015）指出："在中国工业的4.0版本中，智能制造是核心，要做好互联网和传统工业的融合。"

1.5　研究目标

本课题的研究目标可以总结为两个方向，这两个方向同时也是为了解决现实中存在的两个问题。

（1）目标1。面向未来，探索我国智能家居环境与生态系统的合理存在形式。这个方向尝试解决智能家居中智能硬件亲和力不足、产品孤立，与现代家居整体环境不协调的问题。研究将国人对于传统木结构营造技艺的偏好属性与美学属性分离出来，在智能家居的设计中融入这些优良属性，从而提升智能家居的人文价值与用户接受程度。

（2）目标2。面向智造，总结中国传统木结构技艺的发展与利用方法。这个方向尝试解决传统木结构营造技术、艺术存在传承不精且创新不够的问题。研究通过引入智造理念与设计手段，提升传统工艺对于现代生活的适应性，从而使传统木结构营造技艺重新在现代社会发挥作用，焕发活力。

02

第 2 章
中国传统木结构
营造技艺概述

Chinese Traditional Wood Structure Construction and
Intelligent Manufacturing Redesign

中国传统木结构营造与当代智造再设计研究

2.1 传统木结构营造技艺概念

传统木结构营造技艺是中国人关于传统木结构建筑设计、建造的完整知识和实践体系，包含了木材料、工艺流程、传统结构、营造习俗以及传承人等丰富内容与实践，是我国重要的非物质文化遗产，具有极高的文化、审美与民俗等方面价值。

中国古代木结构建筑营造技术的研究工作始于近代。1919年，学者在图书馆发现了宋代的《营造法式》。梁思成、刘敦桢先生于1929年创立中国营造学社，中国学者开始用现代的科学技术和调查研究方法对中国古代建筑、古代典籍进行研究，校勘重印了宋《营造法式》、明《园冶》《饰录》等。1934年，梁思成的《清式营造则例》问世。1957年，刘致平的《中国建筑类型及结构》出版，该书讲述了古代建筑的构造和施工技术，全面介绍了古建筑名作名称、历史演变、时代特征、使用功能和构造特点。1985年中国科学院自然科学史研究所出版《中国古代建筑技术史》。此外，专家学者对古代建筑进行了大量专题研究，有的结合古建筑的保护和维修写出了专著。

我国申请世界非物质文化遗产成功11年来，众多的学者与机构对木结构营造技艺进行了全面且深入的研究。①技艺保存方面，通过数字化的技术，将传统木结构营造技艺完整地转化成可共享可再生的数字形态，依据营造的类型与地域建立三维数据库和多媒体资源库，保留非遗技艺的原生态价值；②技艺展示方面，凭借《中国传统建筑营造技艺丛书》等传统纸质出版物与中国非物质文化数字博物馆等新数字媒介的共同作用，将晦涩难懂的木结构营造知识转译成公众易于理解的现代用语、图片与三维图像，显著提高了广大民众对木结构营造技艺的认知度与保护意识。

2.2　木结构营造技艺的现代适应性困境

　　新技术的发展与运用让中国传统木结构营造技艺在记录与展示方面取得了丰硕的成果，然而传统技艺所存在的一系列问题仍未解决。技艺经济效益低，需求量减少，使用场景受限，木材料的加工精度低等现实问题使传统的营造技艺仅具备文化属性，缺乏现代社会所需要的应用价值。如何让在新时代找到新的应用场景与发展空间，成为木结构营造技艺在现代传承中亟待解决的课题。

　　传统营造技艺继承人步入高龄化。在我国非物质文化遗产网上可以看出，中国传统营造技艺的传承一般都是由师傅传授徒弟或者由长辈传授晚辈。但是，我国对传统营造技艺的研究人员却是少之又少，因此如果这些传统营造的技艺传承人去世了，那么他们的一身绝技也就失去了传承。

　　传统营造技艺的传承人没有足够的经济保证。传统营造技艺的传承人一般都生活在农村，没有稳定的经济收入，没有良好的社会福利保障。在世界发展的今天，人的趋利特征越来越明显，这样就会使传统营造技艺的传承受到一定的限制。现代生活节奏快，在新的工业时代，传统的营造技艺是否值得推广？中国非物质文化遗产保护中心副主任田青曾用"最好的西服是手工缝制的"比喻传统的营造技艺。马炳坚表示中国传统建筑上的漆画如果是印上去的会显得很呆板，远远没有手绘的形象逼真。目前，人们过多地追求快节奏的生活，认为传统的营造技艺与时代不符合，其实这种观点是错误的，传统营造技艺的不断流传不仅可以为我们的设计添砖加瓦，同时还起着对我国非物质遗产的保护作用。随着我国经济的发展，人们生活水平的提高，我国的建筑装饰行业获得了很大的发展，人们对室内设计的要求越来越高，室内设计中要包含传统文化，将传统文化适合运用于产品设计中。

中国传统木结构营造技艺的传承人和从业者以工匠为主。营造技艺分为大木作、小木作、瓦作、砖石作、油漆作、彩画作等工种，工匠也相应按工种分工，多不兼修。传统传承方式是师徒授受，收徒人数有限，通过匠谚口诀、长期学徒和实践掌握技能，其传播能力和传承方式较为脆弱。工匠和技术历来被掌握文字书写的文人轻视，少有关于营造技艺的著作传世。例如，北宋的《营造法式》是官方颁布的建筑设计施工规范，至今已成为难以读懂的天书。民国以来，以梁思成先生为代表的知识分子对传统建筑和营造技艺的研究促进了遗产的传承。

新中国成立后，古建营造和维修方面的培训班及学校教育是对传统传承方式的补充，一些出身于工匠的营造技艺专家将本行业的技术经验系统梳理，形成著作，对遗产传承贡献很大。虽然我们常身处传统建筑环境中，但正由于营造技艺的专业性和技术性强，公众常会感到认知的困难，也缺乏深入了解的渠道。所以，为提高遗产的可见度和存续力，应该加强营造技艺的认知、展示和传播。

其前提主要包括以下两个方面：一是要将复杂而晦涩的传统营造知识转换梳理成现代语境中公众能够理解的内容。例如，传统建筑及营造技艺的名词术语非常繁多，多为工匠所创，不同地区和流派有所差异，需要给出说明和解释；又如，民间传统营造技艺口传身授，常无文字和图纸，工匠所用语汇和概念可能不通行，缺乏系统性，需要在调查和研究中予以诠释，才能被公众接受。二是要拓宽展示渠道和展示手段，借助多种媒介，如展览、出版物、网络媒体、电视等。如前所述，该项目为多个项目整体申报，目前在各项目和保护单位之间尚未建立起一个协调联系和协同保护机制。在实际工作开展过程中，面临一些现实困难，工作的统一性、规划性有所欠缺，我们认为这是履约保护实践中一个掣肘的问题。目前，国家相关主管部门也在着手解决这一难题，我们建议未来通过构建协同保护的常态化机制，令各子项保护单位间互通信息，在整体保护规划下有序开展工作，将会极大促进这一项目的履约实践。

2.3 技艺的保护与传承

2.3.1 保护与传承的历史

20世纪初，中国在现代意义上对传统营造技艺展开保护与传承。新中国成立之前，苏州"香山帮"工匠领袖姚承祖发起成立中国最早的现代工匠团体"苏州鲁班协会"。姚承祖根据家藏秘笈以及苏州工匠经验编著《营造法源》，将传统营造纳入现代建筑教育，招徒授艺、言传身教，为工匠人才的培养和传统营造技艺的传承开创了良好开端。而"营造学社"的创立人朱启钤先生倡导"以匠为师"的学术传统，对古代建筑营造文献、官刊籍本进行整理研究的同时，向工匠师傅开展学习访问活动，取得了一系列经典性的学术成果。

新中国成立后，文物保护体系逐步创建至完善，传统工艺的发掘和发展也逐步被重视。20世纪50年代，文物界开始编制《三百年来工艺制作优秀人物简表》，其中包含"样式雷"等传统建筑营造技艺的代表人物。改革开放以来，我国的文化遗产保护吸收国际文化遗产保护方法与思维，从对文物古迹的保护拓展到对历史街区、城市和风景名胜等的保护。同时，非物质文化遗产的保护工作也逐渐开展。传统营造技艺属于"传统手工技艺"非物质文化遗产的一部分，其保护和传承工作逐渐步入正轨。但是，由于多年以来国外建筑技术的持续输入，传统营造技艺的保护与传承受到质疑与冲击，传统营造技艺局限在文物修复、历史街区保护以及风景名胜的建设活动中。同时，现代建造技艺亦不断侵蚀传统营造技艺的生存空间，不少名胜古迹的修复采用钢筋混凝土来替代木材，对传统营造技艺的发展造成进一步冲击。因此，传统营造技艺本身也受到现代化、机械化的影响，如何遵循传统营造技艺风格特色的同时使用现代的加工机械进行操作，或在新的构造方式下进行传统手工加工等情况，需要谨慎处理两者间的互动关系。在技艺传承方面，北京故宫博物院古建修缮中心、东南大学传统木构建筑营造技艺研究国家文物局重点科研基地等一些以高校和保护单位为主体的研究中心相继建立，相关学术会议蓬勃开展，为技艺传承提供了交流与共享的平台，营造技艺的传承人持续培养计划也在积极的落实中。

2.3.2　保护与传承的代表：徽派传统营造技艺的传承实践

徽派传统营造技艺主要分布在古徽州一府六县境内，徽州今称为黄山市。从总体来看徽州境内多山、气候湿润、森林茂密，为中国传统木结构营造体系在徽州地区发展提供了物质条件。徽州传统民居木构架做法，除了穿斗式和抬梁式之外，还有一种由山岳文化中穿斗建筑和北方中原文化中抬梁建筑结合而成的穿斗抬梁式木构架，地域特色突出。传统徽派传统木作工艺以工匠分

16

中国传统木结构营造与当代智造再设计研究
Chinese Traditional Wood Structure Construction and Intelligent Manufacturing Redesign
第2章　中国传统木结构营造技艺概述

类，分为大木匠作和小木匠作，如图 2 - 1 所示。大木匠工具主要有锯、刨、凿、斧；而小木作主要工具是以凿子为主。

图 2 - 1
徽州传统民居

休宁德胜木工学校是 2003 年苏州德胜洋楼有限公司捐资创办，现更名为黄山市休宁县第一高级职业中学，如图 2 - 2 所示。

图 2 - 2
休宁德胜木工学校的木作教学

学校木作教学根据徽州传统木匠工作分类，分为大木作木工教育和小木作木雕教育。虽然在现代教学体系下，教学模式依旧遵循中国传统师徒传授模式。木工师傅通过实践教学，对学生学习制作过程中的不足进行现场指导与演示。学生学制三年，第一学年的学习内容包括木工工具的使用、木材材料的选择和处理以及徽派传统榫卯结构的学习制作；第二学年通过设计与制作徽派传统家具理解传统木作的工艺原理；第三学年为实习期，学生通过在一线企业的实习进一步提升对传统木作工艺的理解，为以后的职业方向提供参考。部分学生毕业后将会在德胜洋楼公司接触现代轻型木结构营造体系，学习西方现代木作技艺。

2.3.3 保护与传承的海外借鉴：日、韩传统手工艺保护

日本、韩国与中国有着相同的东亚文化背景，其传统手工艺在许多方面有着相似之处。日本、韩国在对传统手工艺保护上有着多年经验，在工艺的保护与传承方法上对于中国非物质文化遗产的保护工作具有借鉴意义。

1962 年，韩国政府制定《文化遗产保护法》，其中将传统手工艺技艺归类于无形文化遗产。同时，为了确保非物质文化遗产在认定上公平公正，韩国政府成立非物质文化遗产评委会，评委会成员来自韩国社会各界，并接受监督，来甄别能够代表韩国特色文化的遗产项目。韩国政府在 20 世纪 70 年代发起的"新农村运动"，虽然是由于经济发展的原因，但也在一定程度上提供了传统手工艺生存的环境，避免了一些民间手工艺的失传。近年来，已有一些韩国学者在反思之前的韩国传统手工艺保护体制在一定程度上阻碍了传统手工艺的创新与发展。

日本近年来根据过去传统手工艺保护的经验，已经从单纯

18

中国传统木结构营造与当代智造再设计研究
Chinese Traditional Wood Structure Construction and Intelligent Manufacturing Redesign
第2章　中国传统木结构营造技艺概述

"静态保护"的方式转向"发展型保护"的模式。日本在1950年制定了《文化遗产保护法》，将传统手工艺定义为"无形文化遗产"，其定义范围包含戏剧、音乐、工艺技术等非物质文化遗产。同时，将非物质遗产保护的认证制度划分为：①个人认定；②综合认定；③保持团体。20世纪70年代后，日本颁布《保护传统工艺品产业振兴法》确定传统工艺品必须具备：①主要是在"日常生活"中使用的物体；②制作过程主要是手工操作；③采用传统的技术或技法制造的；④能够使用传统的原材料，这样的材料要具有100年以上的使用历史，并且对人类与自然都是有利的；⑤在一定的地域内形成产业规模。之后，日本根据《保护传统工艺品产业振兴法》以及多年实践经验制定《传统工艺士认定事业实施办法》对从事传统手工艺的工匠进行资质考试，合格者授予"传统工艺士"并给予奖励。在传统手工艺的保护和开发上，日本开展"一村一品"运动，以"社区"为单位的传统产业保护、开发运动。日本的《保护传统工艺品产业振兴法》实施至今，传统工艺品产业的从业人员老龄化和产业活力弱化的问题依旧存在。日本政府与相关研究人员在反复讨论和征询意见后，达成如下共识：未来的传统工艺品产业必须是能够对满足国民富足丰裕的生活需求做出贡献的生活文化产业；是能够面向21世纪提供新的发展机遇的产业；是能够通过富有特色的创造对振兴地方经济文化做出贡献的产业，是能够代表日本的国家形象并在世界上增强日本产业文化影响力的产业。

借鉴日韩两国传统手工艺保护工作的经验，传统手工业的保护与传承必须关注其自身发展，使传统手工艺在当下时代潮流中能够满足时代需求。因此，在对传统营造技艺进行保护工作的过程中，也需关注传统营造技艺针对目前国内需求所做出的创新与发展。传统营造技艺的发展方向主要在两个方面：一是通过现代建筑设计理论与方法对传统营造技艺进行科学化、现代化的研究与分析，分离出有价值的传统因素来进行传承与创新；二是传统营造工艺结合现代建筑技艺特点，融入现代建造结构体系之中。

03

第 3 章
中国传统木结构的
独特价值

Chinese Traditional Wood Structure Construction and
Intelligent Manufacturing Redesign

中国传统木结构营造与当代智造再设计研究

3.1 材料与工艺的实用价值

3.1.1 传统木材的实用价值

天然木材是传统建筑与家居的主要材料，数千年来受到国人的喜爱。在传统的技术条件下，丰富而又珍贵的木材料资源被广泛、大量使用。受制造工具与结构的限制，这些产品体量较大，制作的工序烦琐冗长。近现代，原木造价昂贵等因素在一定程度上降低了普通消费者对木质家具产品的购买欲望，同时国家也因木材资源短缺而不得不限制木材在工程建设中的应用，以至于木结构建筑出现了 20 余年的停滞期。原木材料本身易燃易生虫的生物性缺点和无法满足现代精细生产要求的物理结构，限制了其在现代建筑与产品中的使用。近年来，作为可持续发展的重要途径的低碳结构，木材也在不断的发展中产生了大量结构创新，使其更匹配智能型建筑与产品，对传统木材料的现代运用具有重大意义。

在现有技术下，对传统木材料的创新主要通过对木材料结构重组和木材料改性实现。传统木材料的结构重组，即打破或调整木材料的物理结构，重新排列组合和优化，从而形成新的构成形态。定向结构刨花板（Oriented strand board，OBS）和正交胶合木（Cross laminated timber，CLT）就是该种创新处理方式的代表，如图 3 − 1 所示。

（a）　　　　　　　　　　　　　（b）

图 3 - 1

定向结构刨花板和正交胶合木的创新应用

（a）OBS；（b）CLT

　　OBS 是以碎木或木刨花为原料，经干燥处理后拌入胶水，用定向筛铺装后加热压制成型的结构板材，复杂的工艺处理过程造就了其稳定、防潮等特点，其原料多为速生木材，对树木的要求低，最大程度利用森林资源的同时保持了较低的价格优势，在室内家具、室内装饰以及轻型木结构建筑中使用广泛。CLT 是用高质量木板正交胶合而成的工程木材，叠加层数越多，胶合木的材料性能就越好。CLT 材料具备的优异抗震性能和低碳属性使其成为混凝土替代材料，加拿大 UBC 大学的 Brock Commons 学生公寓就采用了 CLT 材料，建造出高 53 m 的先进全木结构建筑，展现出木材在未来可持续发展中的巨大优势。美国马里兰大学胡良兵教授的研究团队通过材料改性技术，设计研发出了美学木材与强化木材两种极具应用价值的新型木材料。美学木材是一种具有美学感染力的透明木材。经过酸性化学试剂的空间选择性脱色处理，树木年轮中的低密度区趋向透明而高密度区仍旧保留一定褐色纹理，随后将折射率匹配的环氧树脂渗透到木质素的纳米级框架中，以使木材透明并保留木纹。选择性的处理方式避免了传统化学工艺对木材结构与木材美学属性的严重破坏。同时，美学木材还具备了高强度高韧度的物理特性，以及防紫外线与防眩晕的光学特性，将美学属性与功能性完美结合。

顾名思义，强化木材是将原生木材中的木质素去除，经过热压处理使木材的内腔壁和多孔的木质细胞壁完全塌陷，形成的厚度为原材料的 1/5，密度为原材料的 3 倍，断裂功和弹性刚度均比天然木材高 10 倍以上的完全密实的木材。强化木材的力学性能不仅明显优于天然木材，而且超过许多广泛使用的结构材料（如钢）。上述两种新型木材由于技术手段的限制，仍处于实验室的试验阶段还未进入到大规模的生产应用中，但它们对传统木材料属性的增强巩固显示出了强大的市场潜力。

3.1.2 传统工艺的实用价值

数字化设计应用范围拓展，使设计中烦琐多变的信息能够被转化为精确的数字，输入计算机内部进行高效的运算后形成清晰的数字模型，辅助复杂问题的解决。以数字化技术为基础，建筑业在智慧建造转型中，创造出了建筑信息模型（Building Information Modeling，BIM）技术，管理建筑环境的完整生命周期。制造业的智慧制造转型，大数据、云计算等新一轮产业革命的核心技术将制造的资源与能力深度融合，构成了智慧云制造平台，不仅为产业升级提供了制造手段，也将制造系统中的人、机、生态环境与产业链紧密连接，实现信息化思维的转换。设计阶段，建筑、结构、电气管道等各个细分专业分别建立独立三维模型，通过BIM 数字化平台进行模型的整合以及参与方之间的信息交互，并对复杂的结构与管道电路等进行碰撞试验，检测出建筑中存在的问题以便进行协调与修改。在计算机中完整地模拟实际工程建造全过程，通过信息化协同设计、可视化装配、节点交互式设计以及检查等实现了对深化设计的有效管理。

在生产阶段，建筑全面的信息被传输到工厂进行预制构件的制造，减少施工现场工作量，缩短建筑建造周期。装配阶段，通过 BIM 技术将施工进度与装配构件进行关联，提高施工技术交底的有效性。日本设计师坂茂的作品 Swatch 总部大厦便是 BIM 技术支持完成的现代木结构建筑。该大厦取材瑞士当地的云杉，共制成了 4 600 个独立木结构，并采用类似于榫卯结构的组装原理，将各个预制木梁精确装配在一起，组成大厦立面的覆盖木格栅框架，整体空间蜿蜒流长一气呵成，突破了传统木结构建筑方正的形态。BIM 技术的出现与发展是对传统建造思路颠覆性的创新，也为精密木结构在建筑中的大范围使用提供了可能。

与其他制造领域相比较，木制品制造业存在工业基础差、产业集中度低、研发投入不足等众多问题，严重阻碍产业的升级与发展。新技术语境下，云制造平台的介入，为木制品加工制造业降低成本、提高生产管理效率、适配柔性化生产、拓展服务模式多样性、优化行业资源配置提供了新思路。德国 HOMAG 集团推出的木材加工行业数字化平 Tapio，是一次对木材加工行业智慧赋能的成功探索。制造商将一线数据传输至云服务器，平台通过数据的采集与分析接入行业资源与经验的同时结合智能设备的实况监测情况为工厂提供智慧优化方案。Tapio 还将上、下游服务商都链接到这个开放平台中，为行业提供便利的商业合作平台。智能机器人等制造设备的升级为木工行业提供了新制造手段。以大数据、数字设计为基础的个性定制与柔性化生产成为木工行业新制造模式的重要组成；智慧工厂、物联网等特征赋予了木加工行业新产业生态。

3.2 图案与符号的美学价值

物质丰富的社会中，消费者不再单纯地追求产品的功能属性，而是更希望通过品牌价值来表达独特的个体性格与生活理念。品牌形象成为消费者自我价值的延续，因此塑造品牌形象有助于提升产品附加值，激发消费者购买欲望。1994 年，桃木凭借其复杂的技术工艺与耗时的制作过程成为劳斯莱斯、宾利等豪华汽车品牌的内饰材料。此后，高品质木材原材料的稀缺使原木材质的产品成为奢侈豪华的代名词，动辄上百万元的红木家具在体现用户身份与地位的同时更因其潜在的升值空间而具备了收藏价值。"猫王"收音机正是通过木材对品牌形象的凝练作用，将高品质的胡桃木、花梨木运用在其高端产品中，成功拓宽了受众，完成了高端生产线的落地。

3.3 历史与人文的社会价值

随着制造语境席卷全球，人们的日常生活正在被重新定义与塑造。如果只陷入怀旧的定式思维，沉浸在熟悉的木材料与结构中，将会迷失设计的真实性。相反，一味认为技术的迭代会实现所有的设计可能亦是一种想象。技术发展是社会进步带来的必然变化，但它仍然只是一种新生的技术环境而非创造本身，关键是要在新的技术环境中运用传统的营造智慧，探索出传统适应现代场景的新价值。

人文语境在时代变迁下的承载与延续将是其中重要的桥梁。中国传统木结构营造技艺出现于原始社会，在西周与春秋之后成为中国建筑的主要结构方式，在秦汉时期木结构营造的各类技艺趋于完善。上千年的发展过程使之浸润了中国传统文化的方方面面，形成木结构营造技艺独特的建造特征与内容。从布局、结构到装饰，无一不承载着中国追求人与自然和谐、人与社会融洽的传统价值观念。与技术语境的不断创新与改变相比较，人文语境的延续使得传统技艺被赋予了"反思性怀旧"的情绪，千年来的民族的情感得以在现代社会里生根，直至发芽繁盛，反哺生态与可持续的价值，使浮躁压抑的现代情绪找到自然的归属。技术语境在时间发展的坐标系中的变化与突破实现了木结构营造技艺的发展与创新，而人文语境的延续又支撑起智造的情感化的人文社会背景，承载了人文语境在时代变迁下的保存与延续，传统木结构营造的现代价值探索，便从这"变与不变"中展开。

3.3.1 木结构营造技艺与用户自然体验

技术的发展与城市化进程加速，人们逐渐失去与自然的联结，转而走进数字虚拟的世界。理查德洛夫在《林间最后的小孩》一书中将这种长期待在室内、过度接触电子产品而失去自然联结能力，继而引发的一系列症状称之为"自然缺失症"，主要表现为感受能力下降、注意力不集中、抑郁等疾病高发等。高压的社会氛围中幼儿缺少步入自然的条件与时间，生活与学习的环境逐渐脱离自然，被困于现代科技的"孤岛"之中。如何在自然与人工的矛盾中寻找平衡点，将是现代智能产品与传统木结构营造相融合的重要切入点。在与儿童使用相关的智能家具的设计中，木材具有天然的视觉色泽肌理，能够触发儿童对于环境的认知；触觉上木材带有纹理质感与温度，赋予儿童亲近的心理感受。例如，畅销的智能电扇，智能物联网控制系统的接入提高其操控的便捷性。同时，实木的扇叶带来更接近自然的夏日吹风感受，减轻室内环境下空调等控温设备的长期使用对儿童感官的异化影响。

对于老年人群，亲近自然的诉求同样存在。我国逐渐步入老龄化社会，家庭养老是当下最主要的养老方式。在小型的家庭结构中，子女承担着绝大部分的养老责任，当子女外出上班时，智慧家居能够在一定程度上缓解家庭养老功能弱化的趋势。但是，随着年龄的增长，生理机能退化，学习能力逐渐减弱的老年人群体对新科技这种天然带有"新鲜"属性的产品产生了一定程度的疏离感。因此，在智慧家居中使用取之自然的木材，除了能够赋予产品更淳朴素净的外观与温暖厚重的质感，更能够通过老年群体更熟悉的木材了，去削弱新科技带来的陌生感受，而取之于自然的高品质木材例如红木材质，与塑料等工业材料相比较，还有利于舒经活血的功效，人的感官与木材质的接触而产生知觉上的联系，弥补自然体验的缺失。

3.3.2 木结构营造与智慧产品情感价值

当智慧产品的功能趋向完善，风格趋近一致，用户对产品的关注点也逐渐从功能性向生态价值与文化价值转移。低碳、环境友好木材料的使用拉近了用户与环境的距离，通常也能够在形式上反映出产品文化的内在逻辑与造型的设计语意，使产品呈现出独特的地域性文化认同性。

近年兴起的"国潮"风暗示了中国设计向传统文化回归的趋势。中国传统美学在农耕文化与儒家思想相互作用下，形成了讲究"崇尚自然""气韵生动"的传统文化与民族审美习惯。木材

为中国传统家具最重要的使用材料，在与现代智能功能结合时除
去完成美学风格的包装外，更需要达到产品内在传统文化精神的
统一。例如，甑子饭源于殷商，即使在电饭煲广泛使用的现在，
依旧有"木桶蒸饭更香甜"的认识存在。设计师在设计中采用甑
子饭蒸煮分离的方法，并将电饭煲的内胆更换成更为传统的木材
料，呈现出一款形式与内在契合的产品，达成了人与自然联结，
完成了人与传统的情感延续。因此，现代木质产品的设计不仅需
要从青年用户的喜好与认知出发，满足年轻消费市场的审美与创
意需求，也要考虑到到中年用户群体的怀旧情感。通过新科技与
传统文化的交流与包容去削弱科技产品带来的疏离感，让木材质
产品拓宽中老年用户接入新时代的通道，让情感价值唤起人与物
跨越时代的共鸣，成为跨越年龄认同的重要精神力量。以新的设
计理念延续地方传统特色的生命力，提高产品适应现代社会的生
活节奏的能力，连接过去与未来。

3.4 环保与健康的可持续价值

对生态可持续的反思，让人们重新审视自身需求，从而期待
更为紧密的人与自然的联系。美国机构 Think Wood 与木结构专家
在探讨未来木结构建筑发展的趋势中提出了生态设计的理念，认
为木结构建筑的低能耗与有机属性将使城市变得更宜居。如果说
传统的木结构公共建筑是以木结构或钢构件组合成的具有公共性
功能的建筑，那么新型的木结构公共建筑则应是一个符合节能、
生态环保要求的智能建筑系统。从生态角度看，在木材料充沛的
地区使用该种材料是对当地气候条件的设计回应。例如，前面所

提到的 Swatch 大厦便使用了瑞士丰富的杉木资源，整个项目所用木材总量为 4 600 m^3，等同于瑞士所有的杉木生长 10 h 形成的面积。越南的龙城国际机场则采用当地高可持续的天然竹材料建造，更有甚者，如浙江省宁波市美术馆取材于当地旧建筑拆除后的废弃砖块、瓦片、木材等，易得建筑材料的运用不仅提高了公共建筑的经济效益，拉近了人与建筑、建筑与自然的距离，也展示出地域性的文化特色，留存历史的痕迹。从智能角度看，工业化的生产与新技术建造技术的支持使得木结构公共建筑在实现抗震、保温等基本功能的同时，符合智能时代的要求。通过预制件的加工与现场拼装提高建筑精度、缩短施工周期；通过与智慧控制系统、智慧交互系统等的结合赋予木结构公共建筑新的时代特征；通过造型与视觉的设计呈现出木材料本身的质感与纹理，使其与环境相得益彰，如图 3 – 2 所示。

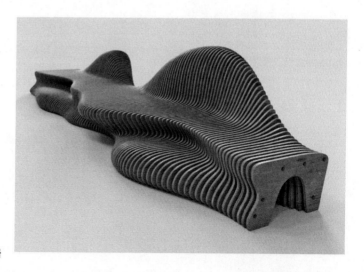

图 3 – 2
三维模数化设计座椅居

04

第 4 章

当代产品中木结构
创新应用与设计
分析

Chinese Traditional Wood Structure Construction and
Intelligent Manufacturing Redesign

中国传统木结构营造与当代智造再设计研究

本章搜集和列举了上市以及处于概念阶段的木结构产品优秀设计，通过对现有木结构产品设计中对于木材和木结构应用的分析，用案例分析的方式阐述现代产品设计中的主流木结构应用方法，分析传统木结构适应现代设计语境所做出的改变，包括现代木材加工技术对于木材本身的改进、创新的现代材料与木材结合方法、智造语境下的木制产品生产流程、基于榫卯技术对木结构连接做出的改进等。

本章从现代产品设计中木结构的主要应用领域、木材料应用方法、木结构连接方式三个方面，从功能、结构、审美等角度对设计和商业性上成功的木构产品进行分析，并单独分析把榫卯结构作为主要设计元素的产品。所分析的产品包括现代家居产品、智能产品、汽车内饰、公共设施等。

4.1 现代家居产品

家居产品经过长时间的发展，已经与传统单一功能的家具产品产生了很大不同。现代家居产品的设计反映出人们对于居家这一概念的变化，从最初简单的居住功能发展到现在更高层级的需求，追求舒适、人性化、个性化的住宅配置，安全、舒适、便捷、智能化已经成为当前人们对于居家的基本要求。家居产品要满足人们的使用功能和精神层面的需求，因此现代家居产品的设计也呈现出了一些迎合现代生活的发展趋势：①现代家居设计向着简约适用、张扬自我个性的方向发展，这样可以体现一个人的生活水准以及对于生活的追求；②现代家居设计主张整体化的设计，并且在设计过程中体现家居设计的主题，这样可以体现主人的兴

32

中国传统木结构营造与当代智造再设计研究
Chinese Traditional Wood Structure Construction and Intelligent Manufacturing Redesign
第4章 当代产品中木结构创新应用与设计分析

趣爱好；③现代家居设计应继承我国的传统并且还要有所创新，既可以保留我国的传统文化，又可以体现现代人们的审美追求；④现代家居设计要注重对生态环境的保护，这样可以使人们在紧张的生活节奏中体会到自然的亲切。正是因为人们大部分的时间都是在家中度过的，现代家居的智能化设计与人性化设计需要达到更高的标准。

因此，现代家居产品主要呈现出简约化、多功能化、智能化、整体化、绿色化等特点，创意产品也更加受到消费者的欢迎。现代产品的造型设计简约化趋于生活的主流，有时多余的装饰反而会给产品带来负面的体验感受；生活条件的提升，也让人们对于能够贴近生活、打动人心的创意家居产品有了更大的兴趣，体现出人们对于生活态度的改变，创意家居的出现既能给人们带来享受高品质生活的体验，也能更好地满足使用者的要求。

可以看出，木质材料与结构的使用更加适应于现代家居产品的发展趋势，木材的设计也更多地出现在现代家居设计之中。现在越来越多人所使用的智能家居产品，也更多地开始采用木材作为装饰材料，来降低智能产品的冷漠感，使其更易于融入室内整体环境之中。生产工艺的提升使得木材原件可以大批量标准化生产，木材的应用又进一步增加了产品的多样化。

4.1.1　折叠式壁挂桌

创意家居产品的"创意"主要来源于创意功能、创意结构、创意外观和创意用途。这款折叠式壁挂桌体现出了多功能性与简洁外观的统一，在折叠起来时，整体外观简洁干净，可以放置物品，而在打开时，其内部多样而有规划的结构承担了它的多功能性。折叠式壁挂桌（图4-1），内部采用木材料制作，分为内、外两个功能分区。内部拥有上、下两层储物格，可以放置各种办公用品等；外部在折叠时作为盖子使用。打开时，平整的一块平面便可作为桌面，供人学习办公使用。折叠桌的上层也拥有可以向上抬起的一部分，上面装有发光 LED 灯，为使用者提供照明。几何线条式的外观与高纯度的色彩使其更加适合于工业风的家装风格，木材料的内饰面冲淡了产品整体的冷漠感，由于其定位是安装于小型居室的办公用折叠桌，木材料的触感也使使用者在办公时更加舒适。

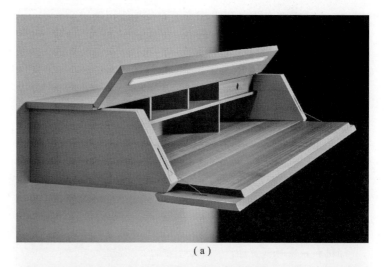

（a）

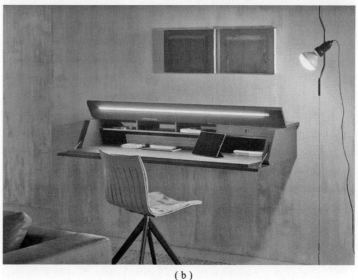

（b）

图 4 -1
折叠式壁挂桌

34

中国传统木结构营造与当代智造再设计研究
Chinese Traditional Wood Structure Construction and Intelligent Manufacturing Redesign
第 4 章　当代产品中木结构创新应用与设计分析

4.1.2 NANOLEAF 木纹奇光板

　　随着人们对于家居智能化要求的不断提高，灯具也越来越多地加入了智能化的功能，NANOLEAF 木纹奇光板就是一款与众不同的智能灯具，如图 4-2 所示。每一片奇光板都是单独分开的，

（a）

（b）

图 4-2
NANOLEAF 木纹奇光板

可以根据用户需求自由组合，形成不同的个性化图案。连接之后又可以作为一个整体进行照明，通过这样模块化的组合，每个人都可以拥有属于自己的灯具；外形优美，光线柔和，表面覆盖天然木制饰面，木材料的自然属性使其极易融合进不同风格的家居环境。更加令人称赞的是它精心设计的智能控制功能，它可以和智能手机、计算机、语音助手等设备进行连接，通过手机终端或直接通过语音控制调节其功能，功能十分多样。例如，根据昼夜节律自动调节全天灯光的色温变化，模拟一天中从早晨到夜晚的自然光变化，或是使用定时功能让灯光在预定时间缓缓变亮，在需要一点活力的时候也可以开启音乐模式，灯光会在六边形上随着音乐节奏跳跃。

现代木材加工技术使木材可以被加工成厚度仅为零点几毫米的薄片，令木材也具有了透光的属性，奇光板的设计也因此可以实现。

4.1.3 "莫比乌斯"灯

产品设计是造型与功能的统一，仅有完善的功能或者优秀的造型虽然也可以说是优秀的设计，但只有当两者统一起来时，一件设计作品才可以说是达到了完美。

"莫比乌斯"灯具的设计便是将优秀的造型和完善的功能结合起来的一件作品，如图4-3所示。外形灵感来自"莫比乌斯"环——只有一个面的纸带，灯具本身由三条"莫比乌斯"带组成，两条为木制面，另一条则为灯带，外形具有很强的整体感，优雅而又有一丝奇异。在功能上，灯具基本功能为照明，这款吊灯巧妙地利用了"莫比乌斯"带只有一个曲面并且首尾相接、连绵不断的特性，将灯带制作成"莫比乌斯"带的样式，使其发出的光可以照向四面八方，而不是像许多灯具一样只能照向一个方向。

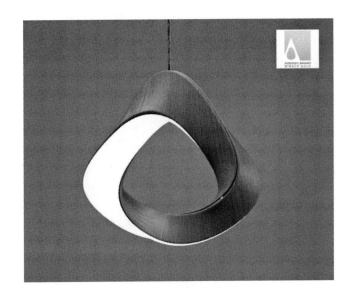

　　一个产品的呈现从最初的产品设计材料的选择都是为了后期产品完成制作而服务的,产品设计过程中必不可少地也要考虑相应的制作工艺和产品内部构造、空间的设计。"莫比乌斯"灯的设计十分出众,其作者展示了国内外许多家装公司联系订购这款灯具的消息。但是,这种灯具目前仍处于概念阶段,其作者仍在寻找合适的制造商将这种灯具制作成商品,显然工艺和成本的限制让这种灯具并不容易量产。但是,"莫比乌斯"灯在视觉和功能上都十分打动人的设计依然为我们提供了许多木材料和木结构在新的背景下如何创新使用的灵感。

4.1.4 "好棒"多用途感应灯

　　对于家居中小物件的重视可以提升家居整体的氛围感,"好棒"多用途感应灯是一款简约设计的灯具,如图 4-4 所示。底座采用胶接的方法贴于墙壁之上，灯管与底座采用磁吸式连接，安装过程简单；灯管部分从中央位置分为两部分，下半部分为磨砂材质的灯管，上半部分采用白蜡木制作；灯座部分同样使用白蜡木，整体外形简约优雅。白蜡木原木经过切削、打孔、抛光、上漆等几道工序后，表面质感光滑细腻，灯管材质与木材材质搭配，

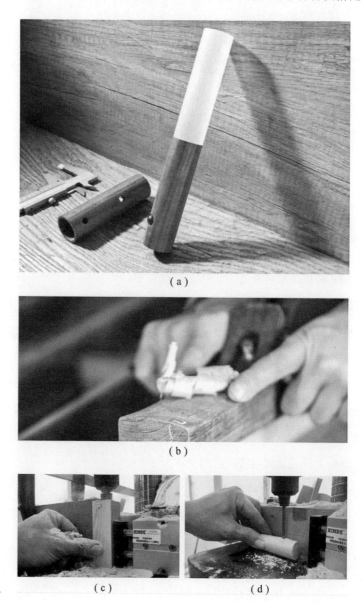

（a）

（b）

（c） （d）

图 4 -4
"好棒"多用途感应灯

外观具有整体感的同时也突出了木材的质感，并且没有影响功能。

　　简约的设计通常可以使产品具有更多的用途，用户将不再局限于产品本身所设计的功能，将产品应用在更多的场景之中，开发出更多的产品使用方法。此种智能感应灯简洁的外观设计使其可以应用于家中几乎每个角落，可以作为家中壁挂灯、床头灯、衣柜灯等使用，从中间分为两段的设计也包含了无意识设计的理念，木制部分暗示此处可以握于手中。由于灯体和底座采用磁吸式连接的方法，易于取下，在停电时便可将其从墙壁上取下作为应急灯使用。

4.1.5　"喜上梢"智能人体感应灯

　　与上面简约设计的感应灯不同，这种"喜上梢"智能人体感应灯采用了更具生活气息、更加情感化的设计，如图 4-5 所示。产品由底部的托盘、木制的"树形"支撑杆、以及"两鸟一蛋"的发光元件组成；外形的限制以及产品的定位，使得这款灯具主要放置在桌面上，作为照明用具以及装饰摆件使用。在有人路过时，两只鸟的头部和托盘上的蛋便会发光，生动有趣的外形可以给生活增添一丝乐趣。托盘的设计让这款产品可以作为摆放零碎物件的地方，具有无意识设计的理念。将"喜上梢"智能人体感应灯放

图 4-5　"喜上梢"智能人体感应灯

置在门口玄关的地方，在进门时感应灯自动亮起，有着"欢迎回家"的象征意义；当人们需要出门时，感应灯在人经过时自动亮起，能够提醒人们在出门时记得携带必要物品，以及在回家时将出门随身携带的钥匙、钱包等物件放置在托盘中。

4.2　智能产品

产品向智能化方向发展的趋势已经不可阻挡，未来的设计是智能化、情感化的设计，产品销售的不再是产品本身，而是一种生活方式。在"互联网＋"的理念进入人们视野的过程中，越来越多的产品开始向智能化的方向靠拢，在设计中加入识别、感知、联网等自动知识技术，科技变得更加人性化，产品会变得更加具有生命力和亲和力。木质结构在智能产品中的应用也十分广泛，在诸多方面提升了智能产品的质量。木结构智能产品具有以下几个特点。

（1）绿色化。绿色设计已成为当今时代脉络，智能产品由于电路板等元件使用较多，生产过程中污染较大，如今也必须思考如何向环保方向进行转变，即智能化和环保低碳并重的转变过程。木结构智能产品通过降低生产过程中产生的污染，以及增加产品废弃后的资源回收率和废物降解率，以绿色环保为要点，实现资源利用的最大化。

（2）包容化。新技术的使用在增加智能产品可用性的同时，也无形中增加了产品的冷漠感和使用门槛。木结构智能产品可以协调智能技术与人之间的关系，让技术发展围绕用户需求进行。产品的包容性即重视所有用户的使用体验，倾向于用更加人性化的设计，通过包容性的设计消除产品的冷漠感，让消费者更容易接受智能化产品。

（3）情感化。在目前产品种类大幅增多，人们生活水平提高的情况下，对消费者来说，产品已经不只是物质上的占有，更多的在于产品赋予的生活意义，以及所拥有产品带来的象征意义。木结构智能产品从消费者的需求出发，创造并赋予产品超越自身使用价值的象征价值。

智能产品中使用木材料，是在用户体验上以温和的产品效果来诠释高科技，两种材料在产品中的共同使用可以放大各自的优点，智能产品的高科技感以及木结构赋予的人文关怀潜移默化中提升用户生活品质，木结构智能产品会因为它特有的性能作用，以及与现代物质环境下低碳理念相融合的特性，而受到广大消费者的欢迎，在未来生活中频繁出现，市场的可探索性和消费潜力必然是巨大的。

4.2.1 ZOWOO x JUKE 榫卯蓝牙音响

随着信息技术的进步，以蓝牙音响为代表的小型智能产品在加入了联网控制、语音播报等功能后，功能得到了极大的扩展，受到越来越多人的喜爱。近年来，随着木材料加工技术和表面处理技术的进步，也出现了很多优秀的木结构蓝牙音响设计。"音响设计"工作室所设计的榫卯连接蓝牙音响就是其中的代表，如图4-6所示。

在寻找设计创意的过程中，设计师需要找到一种既宣扬中国优秀传统文化，又体现手工DIY（自己动手作）木作的概念，还需要结合木头和音响两大元素的设计元素。榫卯便是能够同时满足这三点的最优解。古籍《集韵》中对"榫"有详细的记载，"剡木入窍也"，俗谓之"榫头"，亦作"笋头"。榫卯是实木家具

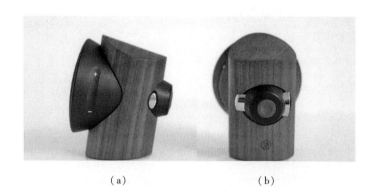

（a）   （b）

图 4 –6
ZOWOO x JUKE
榫卯蓝牙音响

中相连接的两构件上采用的一种凹、凸处理接合方式，凸出部分为榫；凹进部分为卯。设计师巧妙利用榫卯结构让音响与木材互相渗透、和谐结合，通过设计来传承和革新，在保护这一中国传统工艺的同时，将它带入当代生活方式，让文化、智慧与品味水乳交融。除了将榫卯结构进行现代美学演绎，榫卯本身所蕴含的传统感也能在产品设计上寻觅到踪迹。

整个产品分为木制底座、黑色音响和铜质固定连接件三部分，外形十分优美。黑网圆锥形音炮兼具精致与力量，通过金属铜片与音响的黑胡桃木质底座相连，巧妙地将铜、木、塑料等材质融合碰撞，稳固且美观。音响外形线条设计简洁流畅，遵循力学原理。起承转折的设计方便灵活拆卸组装，一物多种使用方式，随心变换，充满互补共生的哲学意蕴。这个可拆分的结构，为消费者发挥各自的创作天赋提供无限可能。色彩搭配上，自然原木色调与哑光黑色相互衬托，凸显沉稳气质与高雅品位。

4.2.2　蓝牙音响置物桌

绝大部分音响产品都是放置在桌面上的单独产品，如果改变音响的位置，或是将音响与其他产品进行组合，或许会产生意想

不到的效果。这种蓝牙音响座椅便同时做到了这两点，如图 4 - 7
所示。

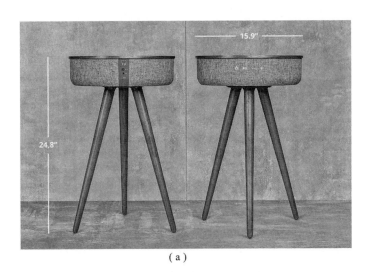

（a）

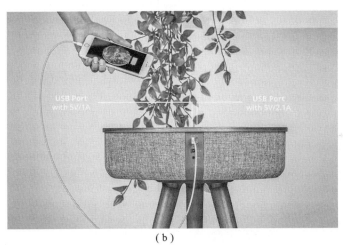

（b）

图 4 - 7
蓝牙音响置物桌

置物桌的构成相当简洁，三条实木腿支撑起了桌面，桌面由
上、下两部分组成，上面是木制的桌面，下面则是带有控制按钮
和接口的蓝牙音响，巧妙地将两种截然不同的产品融合在一起，
在提供音频播放的同时提供了放置物品的功能，可以在床头、沙

发边等位置布置。灰色亚麻布与黑胡桃木的组合使置物桌整体具有一种沉稳感，简洁干练的造型和中性的色彩使其易于融入任何风格的家装环境。控制键也采用了隐藏式按钮的设计，而且仅保留了四个最关键的按钮，以增强产品的整体感。

由于此蓝牙音响体积较大，设计师还为其添加了数个接口，为其赋予了更多功能，例如可以通过 USB 输出接口给手机充电，这对于坐在置物桌旁边休息的人来说十分实用；并且提供了音频接口，使其可以通过无线和有线两种连接方式播放音乐。与一般蓝牙音响放置在桌面上相比，这个蓝牙音响为使用者提供了不同的体验。

4.2.3　智能景观植物种植机

随着生活水平的提高，人们在家中种植景观植物的需求有所提高，很多人也开始在家中进行蔬菜种植的尝试，蔬菜种植机和景观植物的销量连年增长。现有的很多蔬菜种植机仅仅提供了最基本的功能，没有智能控制的模块，外观设计也停留在比较粗糙的阶段。在快节奏的生活中，人们很少有时间精心照顾自己种植的植物，以及按照蔬菜生长的规律定期浇水、施肥、设定光照。因此，加入智能模块，能够实现自动控制的蔬菜种植机和景观植物种植机近年来得到了发展。

木材柔软温和的质地使其与此类产品匹配度很高，因此许多植物种植类产品选择使用木材作为主要材料。图 4-8 所展示的智能景观植物种植机采用了小巧精致

图 4-8　智能景观植物种植机

的造型设计，圆角方形的底座中间连接了一段竖起同样为圆角矩形的支撑，丰富了产品正面的造型特征，整体造型组成了菜篮子的形状，使人容易联想到产品的功能属性，同时增加了产品的趣味性。

在功能上，这台植物种植机提供了智能控制的功能。中间的支架上安装了给植物补充光照用的 LED 灯，使所种植的绿植在室内也能得到充分的光照条件。通过 App 进行设定，机器可以控制光照的强度和时长以及营养素的控制，同时检测营养液和水分是否充足，提醒使用者及时进行补充。

4.2.4 "相执"灯具设计

"相执"灯具用传统七夕节日元素内涵等研究主体作为灯具设计的元素，通过改变用户在灯具使用中以往的行为逻辑，将原本静态的灯具变为可具备律动感的产品，即赋予产品"生命"张力。根据人体工程学、用户习惯等，设定灯具底座的高度为 12 cm，头部的高度为 30 cm，直径 17 cm。在灯具使用的过程中，通过把戒指置入到底座灯具就会变亮，赋予产品月光下相守、相爱、相惜之意。改变传统灯具的使用方法，底座设计有时间显示并内置音箱，音箱可以播放轻松舒缓的音乐来帮助睡眠，实现人和产品的交互，如图 4 – 9 所示。

（1）产品定位：青少年消费群体，具有强烈的进取心，奋斗

图 4 – 9 "相执"灯具设计

感，富有情怀。

（2）使用环境：包括但不限于卧室、客厅、办公室、跃层式。

（3）设计要素：造型简约、富有情感、意境、现代、智能、人机交互。

（4）产品功能：日常照明、渲染气氛、制造情趣、缓解压力、促进睡眠，提高生活质量。

（5）弘扬传统文化：通过情感化的设计理念进一步剖析传统文化在当代设计中的传统元素与现代灯应用以及未来的发展趋势。

（6）满足现代需求：期望产品可以包含更多的人文价值，提供更多的交互模式。通过温控＋声控，感知人体行为，自助进行用户习惯的存储，解决生活中的不便，满足现代需求，提升产品内涵。

4.2.5　Radio Speaker 蓝牙音箱

产品的复古设计不仅是对现有产品的复制和改进，更是对以往产品所包含的以往时代的设计符号进行提炼，并通过新的设计和生产方法进行改进，使之有机地融入新产品中。复古是一种时尚元素，也是引领时尚的基本元素，同时由设计师通过特定的形式将这种时尚元素与产品结合起来。复古设计不是盲目模仿过去，而是对过去时代流行主流的重新审美过程。这是文化的延续和创新。结合当前的创新和复古元素，产品不仅满足了当代的需求和美学，而且继承了过去的时尚元素，形成了时代主流的新元素。

Radio Speaker 蓝牙音响便是将复古元素与现代设计结合起来的一件产品，如图 4-10 所示。造型灵感取材于 20 世纪六七十年代的收音机，将旋钮、信号频率表等元素保留了下来，而在细节部分又采用了现代化的处理方法，精致处理的圆角，磨砂处理的塑料面，以及表面处理工艺的细节，都表现出这款音响作为现代

46

中国传统木结构营造与当代智造再设计研究
Chinese Traditional Wood Structure Construction and Intelligent Manufacturing Redesign
第 4 章　当代产品中木结构创新应用与设计分析

产品的属性。这种复古元素与现代工艺结合的设计，让整件产品
具有了独特的美感。

4.2.6 无线充电音乐台灯

　　产品的功能设计经历了一个螺旋式上升的过程，一件产品在
诞生之初通常都是单一功能的，而促使产品由单一功能走向多功
能组合的原因主要有三个方面。第一个原因，也是最主要的原因，
是人们对于产品需求的变化，由最初的简单需求向复杂化、个性
化、本土化方向发展，促使产品设计多功能趋势出现；第二个原
因是技术原因，技术的进步使产品不再局限于单一功能，而是可
以将多功能集成于一体，例如精密技术、电子技术的发展就使电
子产品的功能不断增加；第三个原因是商业因素，产品的附加功
能满足了消费者的心理需求，多功能因此成了许多厂家提高产品
市场占有率的重要手段，如图 4 - 11 所示。

　　目前，市场上出现的很多相似的具有音响、台灯、无线充电
等功能的手机支架便是这样多功能组合的产品。此类产品的外形
均为一个圆形或胶囊形的平面，附加一个可以旋转的 LED 灯管。

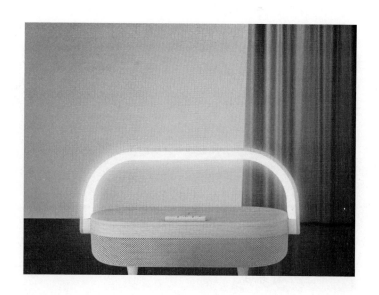

图 4 –11
无线充电音乐台灯

产品的功能围绕着智能手机展开，平面内安装了无线充电线圈，将智能手机放在上面即可充电，旋转支架可以在手机播放视频等场景支撑手机，还可以防止环境过暗对眼睛造成伤害，并且还有蓝牙音响功能。此类产品是在智能手机广泛普及的背景下诞生的，适用于"重度"智能手机用户。由于产品一般放在桌面、床头等地方使用，所以以木材作为主要材料增加产品平易近人的感觉。

4.2.7　木制蜗牛蓝牙音响

木材作为优秀设计材料的重要原因之一，在于其色彩、质地、表面触感的亲和性，将木材应用于一些趣味性的设计可以增加产品平易近人的感觉。木制蜗牛蓝牙音响，红橡木制成的底座支撑起了网格密集的蓝牙音响，两种不同的材料不同的质感形成了有趣的对比。温暖的木材与冰冷的金属也正好对应蜗牛柔软的身体和坚硬的外壳，头部还加入了金属制成的"蜗牛眼睛"，整体外形生动有趣，木材料的加入也使产品平易近人，是优秀的智能产品和桌面摆件，如图 4 – 12 所示。

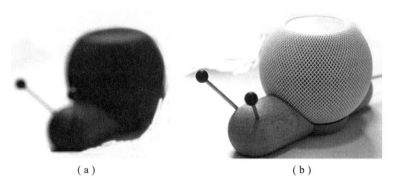

（a）　　　　　　　　　（b）

图 4 - 12
木制蜗牛蓝牙音响

4.3　新中式家具

中国家具文化在世界家具文化发展史上占有重要的地位，中国明式家具与西方巴洛克式、哥特式、洛可可式等风格的家具一样，共同创造了世界家具文明史。随着国际文化交流的进一步扩大，中国优秀传统文化在世界范围内的影响也越来越大，家具文化也包含在其中传播到了世界各地，并在设计上得到了很大发展。在这一过程中，中国传统家具中深厚的文化底蕴，例如，以人为本的设计思想、简约的设计风格、以材料的自然属性为美等，奠定了中国家具走向世界的文化基础。

新中国成立后，我国家具产业得到了长足的发展。1980 年，经统计我国家具生产企业已经有 3 000 多家，职工总数 35 万多人；1982 年，我国家具年产量已经达到了 6 000 万件。改革开放40 年以来，我国家具产业持续高速发展，家具产品质量水平也在逐步提高，现已成为全球家具制造和出口大国。根据中国家具协会统计，2019 年我国家具行业规模以上企业 6 410 家，累计完成营业收入 7 117.16 亿元，同比增长 1.48%。其中，木家具主营业务收入 4 350.39 亿元，同比增长 1.77%，占家具行业规模以上企业全部主营业务收入的61.13%。随着木家具行业的高速发展，家具标准化也在逐步开展，为家具行业的健康发展提供了技术支撑。

中国传统家具在世界家具史上始终保持着自己的特色，尤其是明清家具，是中国文化的艺术瑰宝，蕴含着数千年的历史魅力，至今仍深受中老年消费群体的青睐。20世纪90年代以来，随着城市生活的变化和住宅空间格局的变化，新中式家具逐渐形成了新一代风格的中式家具。其主要特点是：将中华民族的历史文化特征和传统家具的艺术符号运用到新家具上，体现一目了然的"中国风格"；具有历史感，摒弃了烦琐的设计，具有现代国际家具的简约风格；采用现代木材加工技术和新材料；通过人体工程学设计，更加人性化。新中式家具趋向于结构更简单、体积更轻的设计，它在一定程度上继承、简化和创新了明清家具复杂的雕刻和装饰。在吸收古典美的同时，更符合现代生活方式的简约和视觉美，将东方美学融入当代理性。同时，新中式家具的材料并不局限于传统的硬木，许多企业使用中密度纤维板覆盖装饰单板生产中式家具，以降低家具成本，从而根据不同的消费能力细分市场，满足低、中、高档家具的不同消费需求。

在家具结构方面，新中式家具进一步创新，采用榫卯结构，在市场上独树一帜。进入21世纪以来，中国经济快速发展，人民生活水平大大提高，物质生活特别是住房条件明显改善，现代中国家具通过凝聚中国木结构美和古典家具美，赋予了更多的创意和文化内涵，而且制造过程正逐步从传统的手工制造发展到具有强烈设计感和表现力的智能制造。在家具设计表现上，中国家具在传统家具设计和造型上有了新的创意和理念，如传统面料文化与现代人体工学的中国床沙发设计相结合，形成了丰富多彩、个性化的青春潮流家具设计。同时，随着教育水平的提高，人们的文化修养也得到了提高，个性化的价值观也更加明显。因此，人们对家具产品和家具文化的期望也越来越高，家具消费不再是

50

中国传统木结构营造与当代智造再设计研究
Chinese Traditional Wood Structure Construction and Intelligent Manufacturing Redesign
第4章 当代产品中木结构创新应用与设计分析

"以洋为荣"，而是开始追求民族特色的家具文化。近年来，中国新式家具的产值稳步增长，而模仿西方传统家具类型的产值一直在萎缩，究其原因，是消费者对中国优秀传统文化的热爱、家具生产技术的现代化、质量的提高和价格的降低，使新的中国家具为更多人所接受。中国优秀传统文化的博大精深为新中式家具的设计师们提供了用之不尽的素材，但设计的发展不能停留在对传统的复制上，而是要在继承的基础上有所创新。在中国传统家具现代化的设计上需要坚持以下几点。

（1）坚持以人为本的设计思想。中国文化一向崇尚人的价值，"以人为本，天人合一"的设计理念更是贯穿在中国传统设计思想之中，用设计使新中式家具符合人的尺度、贴近人的情感，满足以人为本的设计思想，如图 4 - 13 所示。

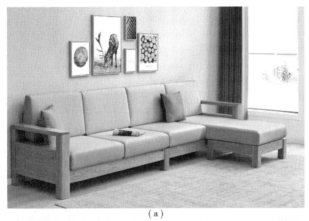

（a）

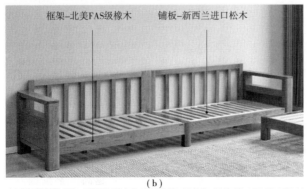

框架-北美FAS级橡木　　铺板-新西兰进口松木

（b）

图 4 - 13
源氏木语简约新
中式橡木沙发组合

（2）坚持简约、自然的设计风格。中国传统家具设计的显著特点之一便是崇尚简约，以及凸显材料本身的特性，在新中式家具设计中应该坚持并发扬这一特色，如图4-14所示。

图4-14
熙尚轩"云览天下"新中式茶桌、椅组合

（3）造型元素符号化。中国传统家具种类众多，造型丰富，装饰图案和手法千变万化。因此，只将单一家具的造型元素简单复制到新式家具上并不能有效体现出传统家具的神韵。从现代设计的基本方法入手，对中国传统家具的造型元素加以抽象和简化，并采用构成的方法进行设计，从而使设计更加理性化，能被更多的人理解、接受和应用，如图4-15所示。

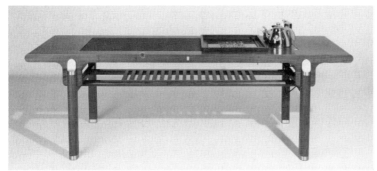

图 4 - 15
东家花梨木新中式实木茶桌

（4）材料多元化。目前，绿色设计、可再生设计的理念深入人心，面对珍贵木材资源严重缺少且难以再生的现状，传统家具多使用的红木等木材可以合理地用其他材料进行替换，如新型木材、改性木材、塑料、合金等，并以此增强产品的环保属性，降低成本。

（5）生产过程现代化。中国传统家具的生产以手工制作为主，无法适应大规模生产的需要，因此，采用现代生产技术是新中式家具得以大面积普及的技术基础。在生产技术上，新中式家具的生产过程需要达到对材料的高效利用、产品功能的高效开发以及生产流程的高效优化，并积极适应定制化生产模式，应用柔性生产系统、数字化技术等高新概念，使传统家具在生产技术上适应现代社会。

4.4 汽车

木材与汽车之间有着千丝万缕的关系，从汽车发展的最初形态木材就与其紧密联系。早期的汽车由于速度较慢、功能较少，许多外饰件与结构件都使用木材制作，以降低整车重量。现代汽车中，木制或者仿木质材料是轿车内饰的主要材料之一，镶嵌在仪表盘、中控板（副仪表盘）、变速杆头、门扶手、方向盘等处。中高档轿车会在内饰上配置木质材料以彰显豪华气势，中低档轿车在内饰上布置仿木质材料以提高档次。轿车内饰木制材料一般是指胡桃木和花梨木，多用胡桃木，这些木材纹理优美、质地坚韧的特性使其适合于应用于汽车内饰。为了满足安全性的要求，现代的胡桃木内饰已经不再采用整块木材料制成，而是由厚度为0.6 mm的薄片共计40层压制而成，每层中间都黏合了相同形状和厚度的铝片，使其具有更高的强度，在发生车祸时不会碎裂。由于成本原因，只有高档轿车上会使用胡桃木制成的内饰件，中低档轿车上的木纹内饰则更多为仿木质材料。

随着时代的进步与科学技术的发展，木材在汽车内的运用也与时俱进，木材用其不同形态的表达给汽车带来各种不一样的感觉，时而奢华极致、时而稳重踏实、时而清雅脱俗、时而未来科技。在现在生态生活与科技生活并行的时代，木材也将在汽车行业中愈发展现它的包容性以及独具一格的魅力。

4.4.1　汽车内饰饰板的木材应用

劳斯莱斯库里南汽车是世界上最奢华的SUV（运动型多用途汽车），其各方面设计可以用不计成本来形容，纯手工打造的高级内饰、空间管阵车架、自适应空气悬架等设计无不体现出奢华感，行李厢与座舱的分割也使其成为业内首款三厢式SUV。内饰风格与整车定位保持一致，尽量朝奢华和高端的方向靠拢。大面积皮革和实木饰板搭配的中控台，辅以银色装饰条搭配，游艇式方向盘造型同样使用皮革与木饰板相搭配。全新的全液晶仪表盘采用三圆仪表设计，辅以虚拟表盘和指针，使用现代科技完成复古风格，如图 4 – 16 所示。

图 4 – 16
劳斯莱斯库里南汽车内饰的木材应用

4.4.2 汽车内饰智能动效界面

在木材薄板制作工艺成熟的条件下，近年来也出现了一种基于这种技术制作的操作界面设计，将厚度极小的木制薄板覆盖在柔性触控屏上，并通过亮光的方式指引用户进行操作，营造出一种具有很强科技感同时又平易近人的视觉效果和操作感觉。

相比于传统的按钮、开关交互方式，这种交互媒介更加适应现代汽车智能化发展的趋势。许多智能电动汽车都在中控台加入了大尺寸屏幕代替传统的中控操作界面。但是，冰冷的屏幕也使得内饰设计显得有些冰冷，并且一大块孤零零的屏幕也无法融入整体的内饰设计。采用木制智能动效界面可以增强内饰设计的整体感，并且如上文所提到的汽车实木内饰一样，木材质的应用本身便是提高内饰设计档次的途径，柔性触控面板也增强了交互性，如图 4 – 17 所示。

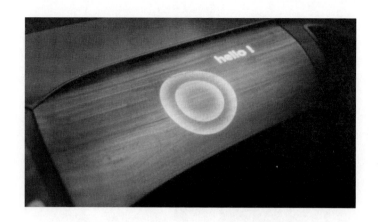

图 4 -17
木制智能动效界面

4.5　木制玩具、文具

　　木制玩具相较于常见的塑料等材质的玩具具有其独特的优点：①木制玩具可以做到较好的寓教于乐，传统的木制玩具设计包含了各个国家地区和民族的人民在实践中积累的智慧，各个国家和地区的木制玩具设计中通常融入了各种巧思，让孩子们在游玩中锻炼思考能力，每个本土的设计师都会对自己民族的传统文化及精髓更容易地把握、拓展及应用。我国有着五千多年的文化历史积淀，这对于传统文化融入玩具设计具有很大帮助，并且对其他国家的消费者有很大的吸引力，设计带有本土化元素的玩具更能够吸引外国的消费者。②木制玩具外形简洁、结构精巧，具有很高的游玩乐趣，随着时间的推移，传统的木制玩具结构越来越精简，展现出人类在木材结构构思上的精巧；木制玩具大部分都保留了木材的原始视觉和触觉，装饰自然、亲和质朴，让人们更加亲近大自然。

由于玩具的主要使用者是年纪小的孩子，玩具设计需要重视小孩子游玩过程中的心理，在进行一些可以互动的玩具设计时，可以更多地去添加一些亲情的效果。现在很多家庭的父母经常因为工作繁忙，很少有时间与孩子进行沟通，而玩具就可以成为一个很好的沟通交流平台。所以对于玩具的设计，不仅需要吸引儿童的眼光，也要能够吸引成人的注意，通过玩玩具过程的合作来增加父母和孩子之间的感情，互动、合作类型的玩具将是未来玩具市场的主要发展趋势。

玩具的游玩过程不仅可以让孩子们享受乐趣，同样也是一个拓展思考能力和创造力的过程。目前，市场上所见到的木制玩具大部分玩法都十分单一，还有一部分直接带有详细的玩具玩法说明书，这样就很容易将孩子的创造力抹杀。未来玩具的设计方面要将玩法发散，不再局限于单一的玩法中，不去设定玩具的玩法规则，不限定玩具的使用对象和性别，设计培养儿童创造力的玩具才是将来玩具开发的侧重点之一。

4.5.1　Hape 回旋栈道益智玩具

Hape 来自德国的品牌（谐音 Happy），意思是为全世界所有的儿童带来快乐。智能玩具设计富含想象力，采用的是高质量的木材与喷涂加工工艺。Hape 品牌最重要和最引人注意的是，该品牌的玩具将促进儿童的发展与成长作为首要目的，玩具的各种类别十分丰富，以空间、个性化等作为关键词，并且针对各个年龄段的儿童成长发育过程所设计的功能都可以有良好的体现，如图 4-18 所示。

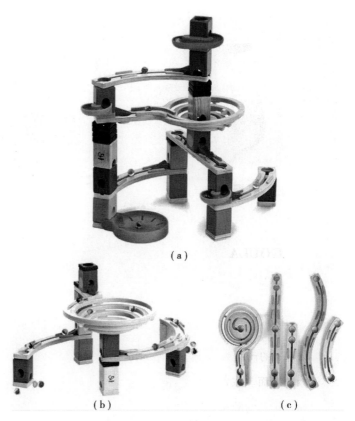

（a）

（b）   （c）

图 4 –18
Hape 回旋栈道益智玩具

4.5.2　Tegu 百变磁力积木益智玩具

Tegu 百度磁力积木益智玩具产品特点是在木块里放入磁铁，使系列木块变成了具有魔力的玩具，木块、木条之间通过磁铁的吸力相互吸引连接，使孩子在玩玩具的同时可以创造出不同的形状，促进孩子的空间想象和创造能力发展，如图 4 – 19 所示。

(a)　　　　　　(b)　　　　　　(c)

图 4 – 19
Tegu 百变磁力积木益智玩具

4.5.3　GOULA 动物成长拼图玩具

　　西班牙玩具品牌 GOULA（中文译为"果乐"）系列包含了各式拼图和棋盘类的玩具，其设计的玩具不仅面向儿童，也面向成年人。"果乐"的产品大多采用木材进行生产，并且使用无毒的油漆油墨涂敷表面。在每一套产品中，"果乐"都设计了一套故事主线，通过玩具的游玩过程讲述一段简单的故事，吸引儿童注意并且可以增长知识。其产品系列虽然多，但是，每一件玩具都十分清晰，通过精美的设计为人们带来优秀的早教型玩具。图 4 – 20 展示的是该公司出品的一款向儿童普及动物成长过程的平面积木。

图 4 – 20　GOULA 动物成长拼图玩具

4.5.4　户外大型碳化木积木玩具

在幼儿园这种小朋友们共同生活、游玩的场所，精致小巧的玩具便不再能发挥应有的效果，小朋友们在这种场所需要成本低廉、数目较大、不易造成身体伤害的玩具，并且需要能够共同游玩。碳化木是经过碳化处理，使木材表面产生一层碳化层，从而改变视觉特点和性能的木材。碳化木不仅表面具有深棕色的美观效果，还具有稳定性强、不易吸水、无特殊气味等性能，其防腐烂、抗虫蛀、抗变形开裂、耐高温的性能也使其成为室外建材和景观建筑的理想材料，同时也在户外大型木制玩具上有所应用，如图 4-21 所示。

图 4-21

户外大型碳化木积木玩具

在类似幼儿园的场所中，玩具便具有了一定的公共属性，精致小巧的玩具虽然在儿童一个人独自玩时可以起到良好的娱乐和教育效果，在孩子较多时则无法同时满足许多人的需求，小体积的零件也容易丢失或者损坏，管理方通常也无法大批量购买以满足每个孩子的需求。因此，碳化木积木玩具成为许多幼儿园的选择。便宜耐用的碳化木材可以在室外随意游玩而不必担心损坏或是保存问题，数量众多的积木也可以同时满足很多孩子的游玩需求。较大的体积决定了为了搭出有趣的造型，孩子们需要互相合作，游玩方式也可以锻炼孩子们的协作能力。

4.6 景观公共设施

景观公共设施是指在政府或社会组织的领导下，能够存在于公共空间中为公众提供服务或满足公众基本需求的设施。随着时代的发展，景观公共设施不再像以前那样只需要满足人的功能。作为公共环境的重要组成部分，景观公共设施也开始成为满足人们精神需求的物质载体，在传播地方文化、塑造城市特色形象方面发挥着重要作用。基于国内现状，如何有效促进国内景观公共设施文化内涵的提升和提升，尽可能实现中华优秀传统文化的传承和发展，也成为景观公共设施设计的核心内容。在景观设计领域，景观公共设施设计既能满足游客审美和实用功能的需要，又能充分凸显地域文化和时代特征。景观公共设施的合理布局不仅有助于丰富景观设计的内涵，而且有助于通过景观公共设施与其他景观要素的整合，创造宜人的景观环境。在景观公共设施的设计中，应结合景观布局的要求，实现合理的材料选择、色彩和设计风格规划，从而确保景观公共设施能够充分融入环境，更好地展示空间和地域文化的精神内涵。城市公共空间设计的不断发展以及人们对于城市景观要求的不断提升，使现在的公共设施不再仅停留在基础的功能和造型。越来越多新颖的、引人注目的景观公共设施进入了人们的视野。它们有些在功能上加入了智能化的功能，更多的则是在设计本身上做出创新

英国设计师 Paul Cocksedge 在我国香港观塘的一个公共广场上插入了一个无限循环的木结构，旨在将空间变成一个充满活力的社交场所。循环由 8 个高 3.82 m 的木材循环组成。相互连接的环形成一个连续的轨道，旨在反映"运动和变化的感觉"，如图 4 - 22所示。

（a）

（b）

图 4 - 22
Time Loop 木结构
广场景观设施

4.7　胶合木制品

胶合木技术由于其低廉的造价以及优于普通木材的性能，自从被发明以来就大量应用于建筑领域中，现在国内外都有许多使用胶合木作为主要材料搭建的建筑。例如，正交胶合木，是由奇数层的规格材（通常以宽面）以垂直相交角度，利用结构胶黏剂叠合组坯胶压而成的预制工程木板材。在建筑中的应用主要是作为楼面、墙体等结构构件。

胶合木的制造方式导致这种材料在具有高强度的同时只能生产为板材，且材料视觉表现相比于原木材料有所差距，因此尽管胶合木在建筑领域的使用已经十分广泛，外观和形态依然限制了它在产品领域的应用。在物流包装领域，胶合木以价格和性能的优势得到了广泛的应用，如图4-23所示。

图4-23
物流外包装用品

在日用品领域，随着人们环保意识的增强和对简约设计的追求，也逐渐有厂家开始生产使用胶合木作为主要材料的产品，如

图 4 - 24 所示。

图 4 -24
胶合板 HIFI **定制音响外壳**

宜家家居的产品以其北欧风格的设计、易于安装的特性，以及独特、人性化的商场布置受到了人们的喜爱，在材料使用上，宜家积极探索环保木材在家居和其他家用产品上使用的可能性。MOPPE 胶合板抽屉柜便是使用胶合板制作的一件产品，如图 4 -25 所示。产品的功能较为单一，只能用于收纳、整理物品，从上到下分为三层，并且每层的抽屉设计为不同大小，满足用户对于不同物品收纳的需求。整个产品完全使用胶合板拼接而成，因此在造型上，此抽屉柜保持了胶合板产品方正的造型特点，同时也符合宜家产品家族整体的设计风格。在抽屉以及外壳的转角连接处，设计师采用了类似榫卯结构的连接方法，减少连接处的材料使用和连接结构的复杂度，也在视觉效果上增添了一些趣味。产品本身保持了材料本身所拥有的纹理特点，但宜家也鼓励用户在产品表面自行设计个性化的图案。胶合板表面易于着色，用户在产品表面自由创作，创造属于自己的独特产品，增加了产品使用时的趣味性。

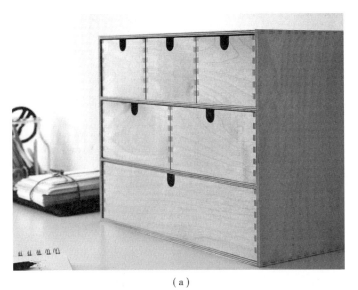

（a）

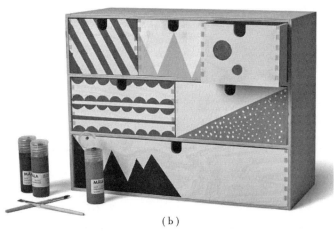

（b）

图 4 –25
宜家 MOPPE 胶合板小型抽屉柜

4.8　木塑复合材料家具

　　木塑又称环保木、塑木、爱因木，20 世纪下半叶发明于日
本，是以锯末、木屑、竹屑、稻壳、麦秸、大豆皮、花生壳、甘

蔗渣、棉秸秆等低值生物质纤维为主原料，利用原料改性或界面改性等方法，将天然植物纤维、塑料和辅助添加剂熔融、混炼，再经过挤压或注射成型制备所需类型的工业产品。木塑复合材料兼有植物纤维和塑料的优点，具有广泛的应用前景。与单一木材相比，木塑复合材料具有耐腐蚀、耐水、耐酸碱、易着色、机械强度高等优点。此外，它还具有加工工艺简单、使用时间长、后期维护成本低等优点。木塑复合材料有效地结合了天然植物纤维和塑料的优点，不仅具有天然植物纤维的高强度和弹性，而且具有塑料的高弹性和抗疲劳性。基于上述优点，木塑复合材料在建筑、家具、汽车等领域得到了广泛的应用。

木塑家具类似于板式家具，主要包括橱柜、衣柜、浴室柜等橱柜，以及家具门板、面板、整体靠背等。由于其独特的耐水性，木塑材料也可用于制作整体厨房和浴室家具，在这方面具有传统材料无法比拟的优势。因此，木塑家具的应用场所几乎可以覆盖整个家居环境，于是"木塑整体家居"的概念诞生了，即从房间结构、功能、线条、色彩、装饰、空间效果等方面对木塑材料在房间中的使用进行整体规划，营造一体家居环境，设计更加全面、周到。这种新型家具将成为木塑家具应用和发展的新趋势。

目前，木塑家具的应用量并不大，造成这种现象的主要原因有生产技术方面的因素，也有消费者观念上的因素。从生产技术的角度来说，木塑型材的挤出加工方式使木塑家具的设计自由度低，制作圆滑转折或弧线造型时有较大困难。此外，木塑型材的边端部位强度较低，而家具的受力节点又多在边端，这就直接影响了木塑家具的强度。在生产技术取得新的进展之前，目前通常采用二次加工技术来解决单件和小批量家具造型和结构问题，但这也无形中增加了家具生产的成本。从消费者观念的角度来说，国内普遍认为实木家具属于高档家具，市场价位明显高于板式家具，木塑家具要想打入家具市场，利润空间将十分狭小。木塑家具生产企业应加大市场推广力度，找准产品定位，寻找实木家具难以开发的领域作为突破口，如厨卫家具等，先获得消费者的认可，再逐步向"木塑整体家居"的方向发展。

4.9　钢木、铝木产品

钢木家具从出现到现在经历了漫长的发展过程，在这个过程中，钢木家具无论是生产过程、主要工序，还是生产组织方式，都发生了重大的变化。初期的钢木家具工业，生产规模小，品种单调，工艺技术简单，属于分散经营状态，随着生产技术的发展、产业的进步，以及相关领域管理的加强，钢木家具产业开始进行有计划的生产组织调整并在此基础上形成了若干种生产方式。

在我国，从20世纪30年代起，日用品行业就开始钢木家具的试制。新中国成立后，钢木家具的发展受到各方面的重视，从1963年起京、津、沪、穗等地先后研制成功样品并逐渐形成生产能力，开始有成批、定型的钢木家具进入市场。之后生产规模不断扩大，品种和数量不断增加。到1981年，全国除西藏、宁夏外各省市都有钢木家具生产，其中具有一定生产规模的有250多个工厂，年总产量达到1 045万件，约占各种家具总产量的20%，产品除投放国内市场外，还远销30多个国家和地区，其生产流程如图4-26所示。品种繁多的钢木家具较为成功而又经得住考验的品种是桌、椅、床、凳、架五大类及它们相互间的结合和变化。其显著特点是兼备木材与钢材的特性，既有富于真实感、自然美的木材（或人造板）为板面，又有高强度、耐磨损的钢材作为骨架，两者的结合使钢木家具得以实现折叠、拆装结构和一物多用的功能而形成独特的风格，这对面积尚为狭小的住宅，更显示了它的优越性。同时，以工业材料取代天然材料，在木材资源日趋紧张的今天也更具有重大的意义。无疑，钢木家具仍将是家具工业的发展方向。

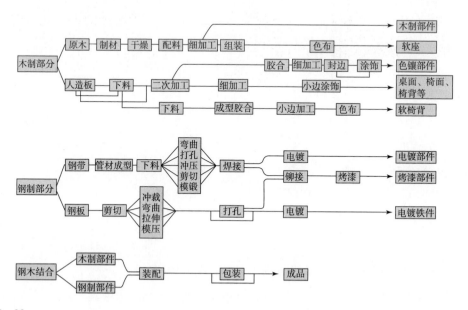

图 4 –26
钢木家具生产流程

在北京故宫博物院等博物馆，保存着贵重的文物、工艺品，对摆放文物和工艺品的架子或柜子有明确的抗震要求，避免地震时架子或柜子因振动损坏或被倒塌的建筑砸坏，因此现在一般都是由钢等金属制成。然而，无论是文物还是工艺品，除了价值高昂以外，通常还具有艺术和文化属性。因此，保存单位希望保存这种文物和工艺品的柜子有艺术性，或遵循中华传统文化，而金属的硬、冷的特点难以满足妥善保管的要求。有关专家提出采用中国传统实木家具，以赋予其中华文明的内涵，然而，实木家具难以满足抗震要求。有鉴于此，开展钢木结合卯榫结构连接柜的设计研究，如图 4 –27 所示。

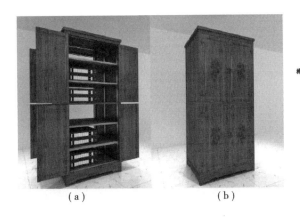

（a）   （b）   （c）

图 4 -27   故宫钢木家具研究

4.10   竹木产品

目前，竹木材料的应用广泛，智能产品中使用竹木材料，是在用户体验上以温和的产品效果来诠释高科技，与金属材料在产品整体设计中的冲撞，互不干扰各具优势，金属材料负责智能化传导与接收，竹木材料具有支撑保护、弱化机械感的作用。竹木材料智能家居产品集环保与智能为一体的同时，权衡产品能源效率与用户体验之间的关系，以实用性与人性化为重点，呼唤感性的回归。设计过程中注重产品的实用可靠性、人性情感化、经济节能性等原则，从用户真实需求出发，遵循用户习惯，优化用户体验，保障智能产品人性化的交互方式，如图 4 - 28 所示。

竹子是中国的特色资源，竹木复合材料可以有效地改性速生木材，克服速生木材原有的一些缺陷，解决我国木材资源短缺的问题。它不仅缓解了国内对木材的巨大需求，而且充分利用了中

（a）
（b）

图4-28

竹木系列产品：竹木香薰机与碟形无线充电器

（a）竹香薰机；

（b）碟形无线充电器

国丰富的竹子资源和速生森林资源。同时，竹木复合利用可以促进竹子和人工速生林的优化利用和产品性能的提高，更合理地利用我国的木材资源。从环境保护的角度，竹子作为一种环保、速生的植物，不污染环境，充分体现了低碳、绿色的现代公共生活理念。从美学角度，竹子是生态与艺术的结合体。天然竹的平行直线和竹节的肋骨结构，通过竹结构的相互交错和密度变化，体现了竹的韵律美。从经济角度，竹木材料的使用在一定程度上减轻了木材使用的压力，环保节能，实惠实用，前景可观。

4.11　弯曲木加工产品

虽然木材具有种种优点，其弯曲性能还是在很大程度上限制了木制产品的造型设计和应用。在弯曲木工艺出现之前，我们常见的木家具构件，大多是直的，少数弯曲部件通常也是通过从大块木材中刨取出来。例如，中国传统家具重圈椅上的扶手与靠背相连的大圆、洛可可式家具中的弯腿等，都是使用大块木材锯割拼接而成。这种锯割拼接工艺在一定程度上满足了弯曲木家具的设计要求，但存在着许多局限性，如选材要求高、材料浪费大、质量难以控制等。

随着生活质量的提升以及人们审美观念的改变，弯曲木的工艺自诞生以来产生了许多制作工艺上的变化，制作要求越来越高，所制成的产品形式也愈加丰富。弯曲木的制造技术依据材料可以分为四类：实木弯曲成型、多层胶合弯曲成型、纤维模压弯曲成型、中密度纤维板弯曲成型，依据加工技术则分为蒸汽加热弯曲和高频加热弯曲两种。1842 年，德国人米歇尔·索耐特（Michael Thonet）首创了实木弯曲成型工艺，并制作了世界上第一把曲木椅子。实木弯曲成型是一种无切屑的实木成型加工技术。为了将木材处理成可弯曲状态，首先需要将木材刨成方形，然后精确切割成弯曲长度；其次用蒸汽法软化木材；最后将其弯曲成所需形状的板材，以便冷却和干燥。整个过程是毛坯加工→软化处理→弯曲成型→低温干燥→自然冷却→定型。1963 年，上海木工厂引进这项技术，由于种种原因，这项技术在中国发展缓慢。直到 20 世纪 90 年代初，高频加热技术的应用使多层胶合曲木的工艺更加成熟。一批从事高频加热胶合曲木生产的企业在北京等地区迅速崛起，在家具市场上占据越来越多的份额。

从技术层面上，索耐特曲木椅（图 4-29）是革命性的设计。由于采用实木弯曲这项当时的新技术，最精巧的部分则是整个椅子仅由 6 根直径为 3 cm 的曲木和 10 个螺钉、2 个垫圈组成，椅子整体分成具有能够独立变形的单元，单元之间通过螺钉相互连接成整体，利用简单、互相作用的方式将这把曲木加工的椅子制成。通过技术的革新推进木椅的设计，更加方便其运往世界各地，增进技术对工匠们的影响。这把椅子经历了 150 多年仍在不断生产，到现在还保持着"标准座椅"的称号。"索耐特"曲木椅的成功，为各种弯曲家具的发展拓展了广阔的领域，从而开创了现代家具的新时代。

图 4-29
"索耐特"曲木椅

4.12 榫卯技艺产品

"榫卯"是木与木连接的一种结构形式，"榫"指器物两部分利用凹凸相接的凸出部分，"卯"指器物两部分利用凹凸相接的凹进部分，"榫"和"卯"咬合，起到连接作用。榫卯结构因其自由、简约的风格，被誉为中华工艺的意匠体现，传达出传统家具独特的艺术魅力和严谨的力学性能，是兼具艺术气息与技术风格的结构。近年来人们对简单明确、实用雅观、富有民族特色的传统榫卯结构进行了再认识和新研究，使其重新受到人们的重视。榫卯结构在中华几千年的历史长河中不断演变和完善，对其特征进行归纳，有助于我们加深对榫卯结构的认识，从而更有效地运用到现代设计中。

榫卯的连接方式主要分为三种：①点点结合，即不同材质的边角结合和直线型材质的交叉结合，如格肩榫、勾挂榫、楔钉榫等；②面面结合，即面和面的结合、两条边的拼合或面和边的交接构合，如燕尾榫、槽口榫、企口榫、穿带榫等；③构件组合，即三个构件的组合，如抱肩榫、长短榫、粽角榫等。榫卯结构非常稳定，榫和卯的凹、凸组合无须胶和钉，结合巧妙，可以制约构件间的相互扭动，不但能承受较大的载荷，还允许一定的变形，起到一定的抗震作用。榫卯结构通过传递力以及木构件之间的相互约束作用使木质家具浑然天成、经久耐用。中国传统家具可以有很长的使用寿命，不仅选材讲究，榫卯结构的稳定性也起到了关键作用。古人通过对榫卯技术进行细致的研究，创造出了140多种榫卯结构，将木结构的潜力发挥到了极致，如图4-30所示。

榫卯的独特性一方面来自其完整性，另一方面来自其灵活性。榫卯与自身结构紧密连接，形成稳定的结构，自古以来就被广泛应用于建筑、家具等各个方面，材料的简单性使其不受其他材料视觉的影响，呈现出一种完整性；榫卯结构的灵活性主要体现在其可拆卸的组合方式上，具有很强的可变性，无须工具即可自由拆卸，便于携带和运输，无须胶水和钉子即可安装牢固。此外，

图 4 -30
榫卯木结构

随着榫卯结构的不断应用，设计师在现代家具设计理念中逐渐将榫卯结构的连接功能与可拆卸、可调节、模块化的时代特征结合起来，从而满足消费者的使用需求，与现代低碳生活相呼应。

榫卯作为一种具有中国特色的装饰元素，代表了一种中国文化。近年来，传统文化在设计领域中的重视程度不断加深，弘扬传统文化的理念深入人心，使榫卯结构在现代产品设计中备受关注，木材质本身的环保性也使榫卯设计迎合了绿色设计的浪潮，我们应该对榫卯结构进行传承和革新，将其运用到现代家具设计中，使其延续下去。

4.12.1　瓦格纳和他的椅子

汉斯·瓦格纳（Hans Wegner, 1914—2007，丹麦）是 20 世纪最伟大的家具设计师之一，他被设计界誉为"椅子大师"。瓦格纳从 15 岁起开始第一把椅子的设计与制作，直至 92 岁辞世，其间创作了 2 500 多个家具图样、近 1 000 幅家具草图，并制作了逾 500 件椅类作品。其中，很多作品成为现代家具史上的经典之作，他也成为设计史上一位最优秀的、创作量最丰富的设计师。他设计的椅子，既有北欧设计的简洁美、与自然相应的材料选用，又完美地诠释了结构的科学性、线条的流畅美、以及细节的精致。尽管他的椅子目前已被当作收藏品展出或者被高级家具商在拍卖会上高价收购，但实际上，瓦格纳的设计初衷仅仅是提供舒适的、奢华的，同时是普通人所能承担的价格范围内的设计。

瓦格纳非常喜爱中国明式家具，也从中收获灵感。他设计了一批融合了东方美学与北欧简约风格的经典作品，如图4-31所示。例如，"中国椅""Y椅"，以及最知名的作品The Chair。The Chair椅子完全使用榫卯结构连接，扶手使用几块实木拼接而成，外形圆润而又不失工整；将皮革运用于坐垫上，符合瓦格纳将新材料运用于其作品上的设计风格。与The Chair椅子类似，他的"中国椅"也保持了类似的风格，外形类似于明式圈椅，半圆形椅背与扶手相连，末端几近水平，符合人们的坐姿习惯；中间的背靠板S形设计符合人体工程学，这种背靠板也常见于明式家具上，被称为东方最美好、最科学的"明式曲线"；下部省略了明式家具的管脚枨，使脚能够自由活动，同时也使整体造型变得更加简练。

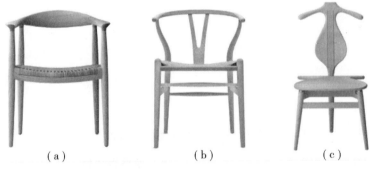

（a）　　　　　　（b）　　　　　　（c）

图 4 -31
瓦格纳设计的榫卯结构木椅

4.12.2 "森搭档蝴蝶榫卯" 餐桌

榫卯并非只在古代中国诞生，世界各地的人们在早期对于木结构形式的探索中，发现单块木头通过剪切产生的弯折并不牢固，很容易折断，木与木之间的连接方式是家具制作、建筑建造过程中必须考虑的。因此，榫卯结构在北欧、日本等地也有着很高的发展程度。

(a)

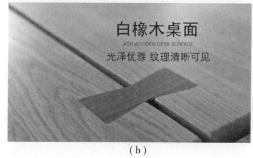

白橡木桌面
ASH WOODEN DESK SURFACE
光泽优雅 纹理清晰可见

(b)

图 4-32
"森搭档蝴蝶榫卯"餐桌

"森搭档蝴蝶榫卯"餐桌便是一款以榫卯链接为主、北欧风格的家具设计。餐桌使用白橡木与红橡木作为主要材料，采用分体式设计，将桌身从中间一分为二，并使用一串蝴蝶榫从中间进行连接。经过精致表面处理的白橡木桌身光泽优雅，木材的纹理清晰可见，给人一种北欧风格人文化温润优雅的感觉，分体式桌面以及红橡木蝴蝶榫的穿插增强了视觉变化，凸显视觉上的设计感，并增加了桌椅的牢固性，如图 4-32 所示。

4.12.3　矢泽金太郎的榫卯设计作品

日本设计师矢泽金太郎是榫卯技艺的顶级大师，具有精细的雕刻工艺，在选择从事建筑还是家具榫卯技艺时，他说自己觉得后者更为迫切，原因是该门技艺日见式微。"在如今的建筑领域，传统榫卯技艺仍在使用，因为政府支持和保护重要的古建筑。然而，在家具行业，传统榫卯技艺则凤毛麟角。"在他的设计中，榫卯结构不仅作为连接部件，而且呈现出独特的装饰效果。他在燕尾榫的基础上进行装饰，采用趣味图形的设计，并通过结构处的颜色对比来加强效果，强调出榫卯结构结合之后的凹凸之美。使他的设计作品往往具有独特的美感，体现了榫卯结构装饰的外露性，在现代家具设计中，可以将其与可拆装的特点结合起来，使榫卯不仅具有装饰效果，还能作为外显的连接结构，便于用户识别操作，如图 4 - 33 所示。

（a）

（b）

（c）

图 4 -33
矢泽金太郎的榫卯设计作品

　　榫卯结构对现代设计与审美产生极大影响，也为各个设计师寻找新思路提供了良好途径，有利于传承发扬中国文化，促进古代优秀文化与现代设计文化的结合，为我国设计行业带来创新与挑战。

4.12.4　榫卯类益智玩具

在益智类玩具中，以榫卯结构为主进行设计的玩具占有很大的分量。榫卯结构玩具在中国由来已久，中国古代的鲁班创造出了鲁班锁，据说是为了了解孩子的智力而设计，仅仅依靠几件不同的木头零件便组成一个"玩具"，卸开有一定的难度，组装起来会更难。这已经不仅是一件玩具，而是榫卯结构的精华所在。这种玩具与国外的乐高积木相当，都能够有效开发孩子的智力，如图 4 - 34 所示。

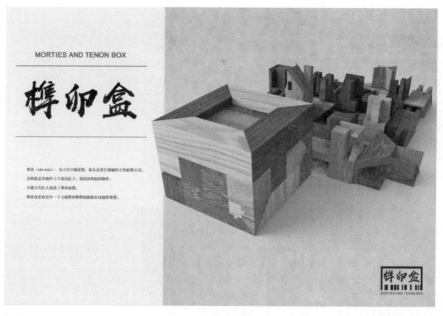

图 4 - 34
榫卯盒玩具

虽然传统榫卯结构在现代设计产品上的推广，受到了其对于木材要求较高、生产工艺复杂等因素的阻碍，在商品化和大批量生产上存在着种种障碍和困难，但是榫卯结构作为传统文化的载体，其美学价值、可拆卸功能、模块化设计仍然存在着很高的可用价值，在现代化商品上的应用前景依然十分广泛。

在需求多元化的现代社会，商品的选择增多，人们在购买商品时已经不再只看重商品的使用属性，而是越来越倾向于购买符合价值取向的物品，榫卯结构的美学属性，使其在多元化需求背景下的现代化创新带来了商业上的机遇；随着应用科技的发展，智能化、自动化机器极大地提高了人们的生产效率，榫卯连接件的生产也可以通过机械加工实现批量化，计算机数控机床（CNC）加工、3D打印等技术也为榫卯结构创新提供了技术基础；绿色环保理念的流行也为以木材为原料的榫卯结构提供了机遇，榫卯结构的可拆卸性、模块化特性也使其更加迎合批量生产产品的环保特性，实现绿色环保、可持续发展的理念，如图4-35所示。

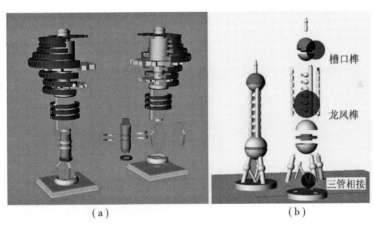

（a） （b）

图4-35
现代玩具中榫卯结构的应用

因此，榫卯结构在今天依然拥有很强的应用价值，但为了克服榫卯结构普及过程中的各种困难，其自身也需要适应现代设计特点做出许多改变。首先要明确榫卯结构产品受众群体和市场需求，挖掘细分市场，在细分市场内设计迎合受众人群喜好的产品；其次要开放接受现代生产技术，以解决生产工艺上的挑战，例如使用多材料取代对于单一实木材料的依赖，通过 3D 打印、CNC 加工等方式替代手工生产方式等，提高产品性能和生产效率，也使得榫卯结构更适应现代产品的生产过程。

05

第 5 章
中国传统木结构的当代
智造设计研究

Chinese Traditional Wood Structure Construction and
Intelligent Manufacturing Redesign

中国传统木结构营造与当代智造再设计研究

5.1 脑瘫儿童交互式木质玩具设计

1. 目的

脑瘫儿童精细动作训练是儿童脑瘫运动康复疗法中的重要一项，如何引导脑瘫儿童正确控制手部精细动作，成为脑瘫儿童康复疗法领域亟待解决的课题。

2. 方法

通过研究相关文献，从引导式教育理论的角度出发，分析脑瘫儿童在康复训练场景下的行为特性和特殊需求，并结合积极行为支持理论，探究交互性木质教具的设计路径并进行用户体验的研究。

3. 结果

设计案例以木质材料为主要呈现载体，基于 Arduino 加入交互和反馈机制，开发出集趣味性和科学性为一体的脑瘫儿童康复交互式教具，并依据模糊层次分析法进行产品效果测评。

4. 结论

普通康复玩具缺乏反馈机制，在材料的使用问题上有待商榷。基于 Arduino 的脑瘫儿童交互式木质玩具能有效进行反馈，降低使用者的抵触心理，建立由内容、教育和反馈机制融合的交互式玩具设计范式，为脑瘫儿童康复玩具的设计提供新思路。

5.1.1 项目介绍

随着社会的发展和时代的转变，人们在社会生产以及建造活动中优先选择先进材料，而逐渐被我们遗忘的——木材，曾在中国人的生活历史上一直扮演着十分重要的角色。得益于近年来社会大众和政府对可持续发展的关注，木材得以重回公众的视野，特别是以木材为材质的传统木结构，设计行业也试图挖掘传统木结构的深层意义并进行再设计，让传统木结构在现代语境中绽放新活力。木材性质温和自然，可塑性强，被广泛应用在玩具、家具、工具，甚至房屋建筑上。

木材因温润亲和的材质特点，被广泛运用在儿童玩具上。但是，针对特殊儿童的康复玩具设计往往被人们忽略。脑瘫儿童的综合康复已有较多可行的方法，精细动作训练是脑瘫儿童复健过程中尤为重要的一环，康复机构内通常使用康复教具帮助脑瘫儿童练习手部肌肉控制。康复教具是一个很好的康复中介，在教具的使用过程中，使用者通过教具来掌握正确的手指抓握姿势，帮助使用者达到手部复健的目的。目前，脑瘫患儿群体数量庞大，康复治疗师人数较少，两者之间难以调和，因而康复教具的重要性不言而喻。但是，现有的康复教具存在缺乏个性设计、同质化严重、针对性不强、无有效交互这些缺点，而且目前的教具与正常儿童使用的玩具差异不大，因而它们并不能有效承担起复健的需求。下面基于引导式教育理论，并结合积极行为支持理论，探索针对手部精细训练的交互式木质教具的产品雏形，有效提高训练效率从而缩短康复时间。

5.1.2　理论基础

1. 木制玩具的结构特征

（1）堆积式。堆积式木制玩具中的各部分皆为单独存在的个体，因此结构特征相对简易。较为普遍的堆积式木制玩具，如七巧板、积木等。

（2）拼接式。拼接式木制玩具中的各部分结构相对复杂，结构间相互连接配合。孔和槽的加工方式多为车削、钻孔等，其中燕尾榫的加工方式多为铣削。较为普遍的拼接式木制玩具如拼图等拼装玩具。

（3）组装固定式。组装固定式木制玩具中的各部分结构连接形式虽大为不同，但使用频率最高的还是以螺钉为主要紧固零件。此外，大多木制玩具连接还采用胶接及捆绑式连接。较为普遍的组装固定式木制玩具如儿童木马、儿童算盘等。

（4）互动式。互动式木制玩具由于最初设计时需要参照其模仿原型，因此互动式木制玩具中的各部分结构最为复杂。较为普遍的互动式木制玩具，如儿童迷你钢琴、儿童迷你木鼓等。

以上四种结构特征中，堆积式及拼接式由于连接方式相对简易，属于低结构。优点在于可操作性强，因此选材时首先选择性能稳定性高、耐磨的木材。组装固定式及互动式结构特征相对复杂，属于高结构，由于其功能较为固定，所以对强度要求较高，如图 5 - 1 所示。

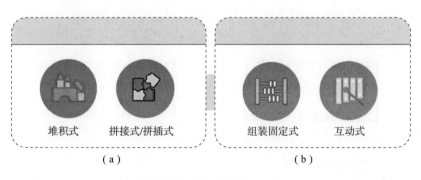

堆积式　　拼接式/拼插式　　　　　组装固定式　　互动式

（a）　　　　　　　　　　　　　（b）

图 5 - 1

（a）低结构；（b）高结构

木质玩具的结构特征

2. 木制玩具的连接形式

（1）榫接合。榫接合作为目前最普遍使用的连接方式又分为单榫、多榫连接，方榫、圆榫连接，以及异形连接如燕尾榫。此类连接方式优点是基本无须其他多余的零件，但易受干湿影响造成材料缩胀问题，进而影响结构的稳固性。

（2）胶接合。胶接合操作起来简易便捷，通过胶黏剂便可完成结构之间的连接。但是，胶黏剂自身大多含有有害性有机溶剂，易构成安全及健康问题，而且受时间因素影响大，老化后影响连接能力。

（3）机械接合。机械接合不如前两种连接形式方便快捷，而且受其强度限制无法实现多次拆解和安装。

（4）捆绑接合。捆绑接合即运用绳子、细丝等可捆绑式材料完成材料间的连接及接合。

（5）卡口接合。卡口接合即充分运用榫卯结构，如常见的木制拼图等。

（6）木材与其他材质。木材与其他材质连接时多运用胶接合等连接形式，此外还有螺纹接合等，如图 5-2 所示。

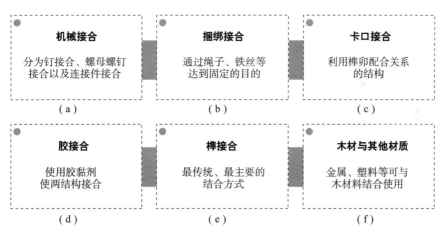

图 5-2　木质玩具的连接形式

3. 脑瘫儿童手功能分级系统

Ⅰ级：虽在完成手部运动时速度受一定影响，但可独立完成日常活动。此类属于能成功地实现手部运动。

Ⅱ级：在完成手部运动时速度受一定影响，通常情况下可独立完成日常活动，出现困难时会采取其他操作方式。此类属于能实现大多数手部运动。

Ⅲ级：在完成手部运动时速度稍缓，适当调整后，能独立完成。此类属于手部运动稍困难。

Ⅳ级：在完成手部运动时较为困难，需要提供帮助支持。此类属于手部运动困难。

Ⅴ级：基本无法完成手部运动。

脑瘫儿童手功能分级如图 5 - 3 所示。

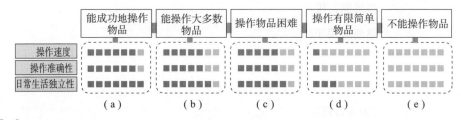

图 5 -3
脑瘫儿童手功能分级

4. 脑瘫儿童心理功能障碍的特征

（1）视知觉功能。视知觉能力偏低，即便脑瘫儿童智力水平较高，其精细空间能力也受较大影响。

（2）脑瘫儿童注意力。除智商水平高于 70 的脑瘫儿童外，注意力普遍受到一定影响。

（3）脑瘫儿童记忆功能。研究发现，脑瘫儿童空间能力及语义信息整合能力受到一定影响。

（4）概念形成能力。可熟练掌握颜色及形状，但对大小这一概念较为薄弱。

（5）脑瘫儿童执行功能。执行功能较弱。

脑瘫儿童心理功能障碍特征如图 5 - 4 所示。

5. 引导式教育理论

1）引导式教育理论定义

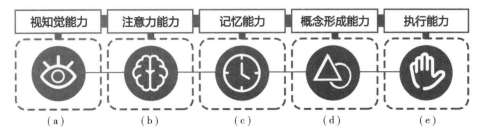

视知觉能力	注意力能力	记忆能力	概念形成能力	执行能力
（a）	（b）	（c）	（d）	（e）

图5-4　脑瘫儿童心理功能障碍特征

引导式教育（CE）是一种采取一系列节律性、娱乐性方式，将康复和教育融为一体的科学护理方法，能够促进患儿积极主动参与训练，挖掘潜能，快速提升其运动、自理、交流等多种能力。引导式教育最早便应用于脑瘫领域，是治疗小儿脑瘫最有效的方法之一。目前，已经逐步延伸到其他特殊儿童的教育中，并获得了广泛认可。

2）积极行为支持理论

传统的对特殊儿童不良行为的矫正大多采用阻止或惩罚等易引起儿童反感的方式去实现，这样有时并不利于问题的解决，反而会使问题变得更加严重。很多时候，一些特殊儿童，甚至正常的儿童，他们做一些不寻常的行为就是为了引起老师和其他小朋友的关注，他在受到老师批评的同时也得到了关注，因此他下次还会这样去做以达到获得他人关注的目的。

而引导式教育倾向于引导疏通，其中一个比较有效的方式是积极行为支持（positive behavior support，PBS），是指在儿童发生积极行为时对其进行鼓励教育。

3）引导式教育理论应用

在产品设计中，我们运用了引导式教育的理念，在儿童做出正确行为时，产品会对其做出正向的反馈以引导其重复正确姿势；而在其做出错误行为时，并不会对其进行负向反馈，以免引发其厌恶情绪。

6. 未来的生活方式

1）木结构儿童教具的未来发展趋势

木结构儿童教具的存在由来已久，早期的木结构儿童教具以堆积式、拼接式/拼插式及组装固定式等相对简单的木结构为主。现阶段的木结构除了以上几种之外，交互式也占据很大的空间，并且随着编程教育的兴起，基于 Arduino 的智能交互玩具也已开始崭露头角。相信在未来的木结构儿童教具设计领域，智能交互式会发挥越来越重要的作用，以至发展到特殊教育领域，而此次我们的设计就是这样一种初步的尝试，如图 5-5 所示。

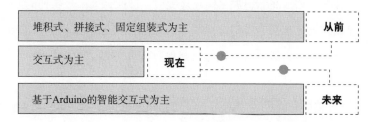

图 5-5

木结构儿童教具发展历程

2）智能交互式木结构的发展前景

不仅是在儿童教具领域，智能交互式木结构也将会在我们日常生活的各个环境领域发挥不可替代的作用。一方面，随着科学技术的发展，我们的生活越来越走向智能化，不断追求智能将是人类生活中不可逆转的趋势；另一方面，城市化与科技化的作用下，远离自然的冰冷的科技产物越来越多，人们将更渴望追求自然的温暖，而木结构正是一种优质的选择，可以在我们冰冷的科技环境中增添一份自然与温馨。因此，智能交互式木结构作为自然与科技相结合的一种方式，将获得长足的发展。

88

中国传统木结构营造与当代智造再设计研究
Chinese Traditional Wood Structure Construction and Intelligent Manufacturing Redesign
第5章 中国传统木结构的当代智造设计研究

5.1.3 设计实践

1. 设计定位

产品定位为交互式木质脑瘫儿童的复健玩具，主要适用于脑瘫康复机构中6～12岁处于复健关键期的儿童，以引导性、趣味性、创新性、适宜性和专业性为设计原则，其功能和设计点包括：训练手部精细动作、提高认知能力和逻辑思维能力、寓教于乐、"农场大丰收"的故事情境和木艺加持。产品由三部分组成：①"木质基底"的设计寓意是水果蔬菜生长的土壤，同时起到为各部件充电的作用；②8个水果蔬菜康复教具分别锻炼一指、二指、三指、五指抓握；③内部电路设计以 Arduino 套件作为主体，通过编程控制电路和传感器，在输入交互指令后，发出相应的交互反馈。

2. 产品设计

1）产品造型设计

根据"色彩鲜艳且区分度大""生活中常见""便于抓握"等原则，选取"蘑菇""草莓""茄子""牛油果""胡萝卜""西瓜""玉米""杨桃"这8种果蔬作为造型意向，进行抽象化处理，剔除不重要的细部，保留其视觉语言的基本元素：几何形态和色彩，去繁留简。

"蘑菇"采用蓝、黄、白配色，辅以伞状、球状造型，并在顶端进行切削，创建凹陷面，给予用户按压的心理暗示；"草莓"由心形主体和叶片组成，采用红、黄、绿的配色；"茄子"采用紫绿配色，在茄身最突出处切削，制作两个凹陷面，供大拇指和食指抓握；"牛油果"采用黄、绿、棕的配色，上窄下宽的长椭圆形造型，在上部设计两处凹陷，供大拇指和食指抓握；"胡萝卜"采用橙绿配色，在中部左、右两侧分别设计一处、两处凹陷面，供大拇指、食指、中指抓握；"西瓜"采用浅绿配色，带深绿色纹理，球状造型，在上部设计三处凹陷，供大拇指、食指和中指抓握；"玉米"采用黄绿配色，在叶片左、右侧面分别设计一处凹陷，供五指抓握；"杨桃"采用黄绿配色，利用水果本身凹陷结构，供五指纵向抓握。

产品底座的整体造型为长方体。患儿进行康复训练时，上部木质基座作为蔬菜水果生长的"土壤"，基底顶部设有一圈LED灯带，内置扬声器，若操作正确则给予相应的交互反馈；使用完毕后，将底座倒置，透明罩打开，8个玩具置于其中，再盖上磨砂透明罩，起到防尘、收纳的作用，如图5-6所示。

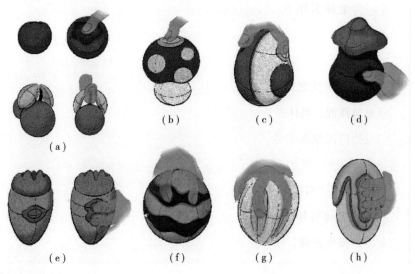

(a)　　　　　　(b)　　　　　(c)　　　　　(d)

(e)　　　　　　(f)　　　　　(g)　　　　　(h)

图 5-6
草图方案

2) 产品功能设计及操作说明

康复玩具以采摘丰收的果蔬为情感化故事主线，患儿每次成功按照语音提示完成抓握动作，会得到相应的正向反馈，吸引用户注意力，激励其坚持锻炼，尽快恢复。

（1）锻炼一指抓握的是"蘑菇"和"草莓"。"蘑菇"锻炼一指横向抓握，具体操作方式为：在语音提示和老师引导下，患儿一根手指在蘑菇顶端凹陷处进行按压，蘑菇弹出。若操作正确，底座扬声器发出"蘑菇拔出来了，你好棒呀"的鼓励性语音，底座呼吸灯发出白光；"草莓"锻炼一指纵向抓握，锻炼方式为：一根手指勾住草莓叶片，从底座中提起。若操作正确，底座扬声器发出"草莓出生了，你好棒呀"的声音，底座呼吸灯发出粉光。

（2）锻炼二指抓握的是"茄子"和"牛油果"。"茄子"锻炼二指横向抓握，具体操作方式为：在语音提示和老师引导下，患儿两根手指横向捏在茄身凹陷处，向上拔出。若操作正确，底座扬声器发出"茄子拔出来了，你好棒呀"的鼓励性语音，底座呼吸灯发出紫光；"牛油果"锻炼二指纵向抓握，锻炼方式为：在语音提示和老师引导下，患儿两根手指纵向捏在两个凹陷处，向上拔出。若操作正确，底座扬声器发出"牛油果出生了，你好棒呀"的鼓励性语音，底座呼吸灯发出绿光。

（3）锻炼三指抓握的是"胡萝卜"和"西瓜"。"胡萝卜"锻炼三指横向抓握，具体操作方式为：在语音提示和老师引导下，患儿三根手指横向放在主体凹陷处，向上拔出。若操作正确，底座扬声器发出"萝卜拔出来了，你好棒呀"的鼓励性语音，底座呼吸灯发出红光；"西瓜"锻炼三指纵向抓握，具体操作方式为：在语音提示和老师引导下，患儿三根手指纵向捏在上部凹陷处，向上提起。若操作正确，底座扬声器发出"大西瓜挖出来了，你好棒呀"的鼓励性语音，底座呼吸灯发出绿光。

（4）锻炼五指抓握的是"玉米"和"杨桃"。"玉米"锻炼五指横向抓握，具体操作方式为：在语音提示和老师引导下，患儿大拇指、食指、中指、无名指四根手指放在一侧凹陷处，大拇指放在另一侧凹陷处，用力向上拔出。若操作正确，底座扬声器发出"玉米拔出来了，你好棒呀"的鼓励性语音，底座呼吸灯发出黄光；"杨桃"锻炼五指纵向抓握，具体操作方式为：在语音提示和老师引导下，患儿五根手指纵向捏在杨桃自身凹陷处，向上提起。若操作正确，底座扬声器发出"杨桃拔出来了，你好棒呀"的鼓励性语音，底座呼吸灯发出黄绿光。

3）产品结构及尺寸

儿童按压果蔬玩具的凹陷处，导致内部填充的硅胶形变膨胀，向下按压木质基底内置电路的金属弹片使其接触，电路连通，从而使 LED 灯带发光、扬声器发声。木质基底的上、下两部分均可与亚克力罩相契合。经过实地调研，让几个小孩子抓握不同尺寸的球形黏土模型，最后得出每个果蔬玩具的最适宜人机尺寸，并据此确定底座模型的长宽高数值，如图 5-7~图 5-11 所示。

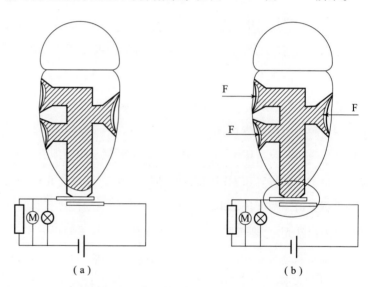

（a）　　　　　　　　　　（b）

图 5-7
产品结构说明

图 5-8
用户调研照片

图 5 –9
底座尺寸说明图（1）

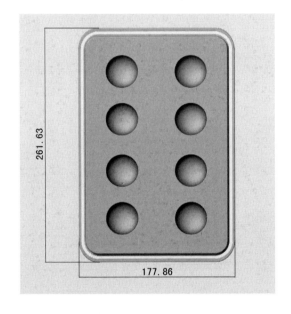

图 5 –10
底座尺寸说明图（2）

4）CMF（Color Materiao Finishing）设计

果蔬玩具主要由纯天然橡胶木加工而成，橡胶木具有质地细密、纹理优美和硬度高等特点，玩具表面采用无毒性的木质专用漆——天然环保漆，根据果蔬的设计配色进行上色装饰；果蔬玩具的内部主要由弹性、柔性大的硅胶体作为填充，硅胶的颜色与其相对应的果蔬颜色一致。产品的木质基底同样采用了天然橡胶木原木作为材料，再进行木材的切割、打磨等加工处理工艺，保持其原有的原木颜色和纹理，木质基底内置 Arduino 电路、扬声器

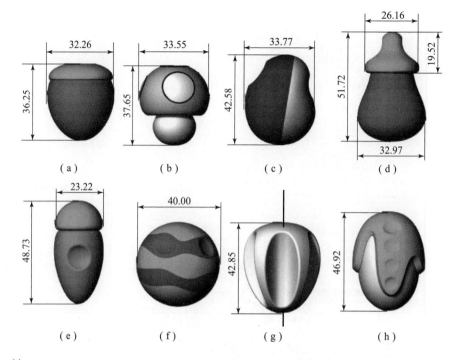

(a)　　　　　(b)　　　　　(c)　　　　　(d)

(e)　　　　　(f)　　　　　(g)　　　　　(h)

图 5 –11

各种果蔬玩具尺寸说明图

及 LED。木质基底由透明的磨砂亚克力罩覆盖，亚克力透明罩通过浇注成型的生产方法，具有很高的韧性和强度，并且观赏性好，还能达到防尘和方便收纳的目的。

3. 最终效果展示

最终效果展示如图 5 – 12 ~ 图 5 – 14 所示。

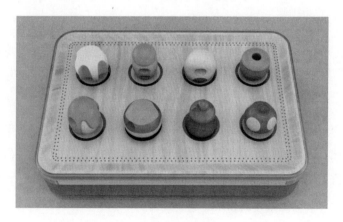

图 5 –12

俯视效果图

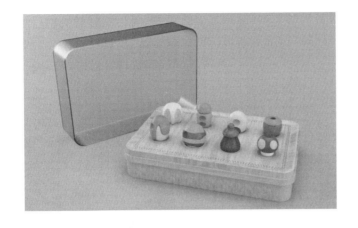

图 5 - 13
整体效果图

图 5 - 14
使用场景图

5.1.4 设计评估

1. 评估过程

为了评估木材质脑瘫儿童手部精细运动康复玩具的可用性水平，本文结合实际用户群体的调研难度，选用模糊层次分析法将定性评测与定量评测相结合。首先邀请了设计学领域专家 10 位，幼儿教育领域专家8位，心理学领域专家2位通过多轮德尔菲法确定评价指标建立设计评价层级指标模型，并选用三度赋值法计算出各指标因素的权重值；然后由专家小组观看产品的展示视频与渲染效果图、结构图后，对每项可用性评价指标以李克特五级量表的形式进行打分；最后对产品设计的各项指标进行模糊综合评价，综合得出产品的整体与各项指标的得分，对产品的可用性进行全面准确的评价，进而发现产品存在的可用性问题，提出改进意见，为产品的深入设计提供参考，如图5-15所示。

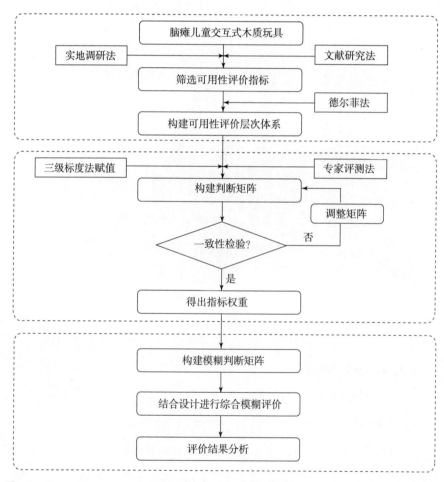

图 5-15

设计评估流程

96

中国传统木结构营造与当代智造再设计研究
Chinese Traditional Wood Structure Construction and Intelligent Manufacturing Redesign
第5章 中国传统木结构的当代智造设计研究

2. 评估结果

（1）经过 20 位专家焦点小组的分析，依据层次分析法将木材质脑瘫儿童手部精细运动康复玩具的评价体系分为三个层次，即目标层、准则层和指标层，如图 5 - 16 所示。其中，目标层为脑瘫儿童交互式木质玩具整体可用性议案；准则层为直觉体验 A、过程体验 B 和反思体验 C 三个方面；指标层为评估准则层的单个具体指标因素。

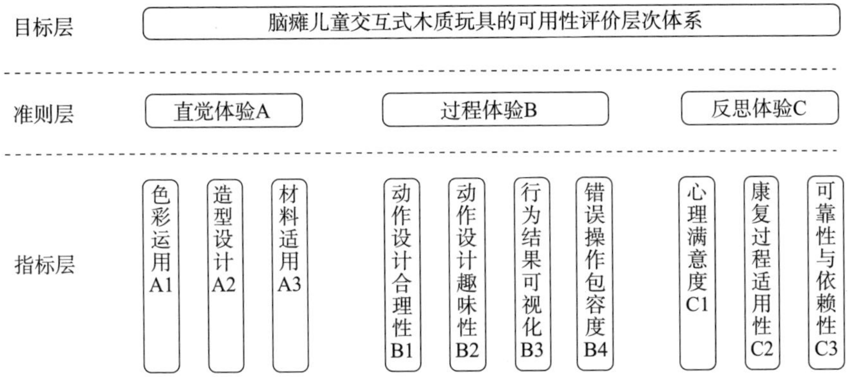

目标层	脑瘫儿童交互式木质玩具的可用性评价层次体系									
准则层	直觉体验A			过程体验B				反思体验C		
指标层	色彩运用 A1	造型设计 A2	材料适用 A3	动作设计合理性 B1	动作设计趣味性 B2	行为结果可视化 B3	错误操作包容度 B4	心理满意度 C1	康复过程适用性 C2	可靠性与依赖性 C3

图 5 - 16　设计实践评价体系

（2）由相同的 20 人专家参与测试，通过三度赋值法计算准则层与指标层各项指标的权重，构建出脑瘫儿童交互式木质玩具的可用性评价层次体系，计算结果如表 5 - 1 所列，而且各层次的一致性检验结果流动比率（CR）均小于 0.1，说明矩阵具有完全一致性。指标层判断矩阵的权重向量分别如下：

$K = (0.444, 0.444, 0.112)^T$，$\lambda_{max} = 3$，$CI = 0$，$CR = 0$

$A = (0.444, 0.444, 0.112)^T$，$\lambda_{max} = 3$，$CI = 0$，$CR = 0$

$B = (0.243, 0.171, 0.243, 0.343)^T$，$\lambda_{max} = 4.24$，$CI = 0.08$，$CR = 0.09$

$C = (0.444, 0.112, 0.444)^T$，$\lambda_{max} = 3$，$CI = 0$，$CR = 0$

表 5－1　脑瘫儿童交互式木质玩具的可用性评价层次体系

准则层	权重	指标层	权重
直觉体验 A	0.444	色彩运用	0.444
		造型设计	0.444
		材料适用	0.112
过程体验 B	0.444	动作合理性	0.243
		设计趣味性	0.171
		结果可视化	0.243
		错误包容度	0.343
反思体验 C	0.112	心理满意度	0.444
		康复适用性	0.112
		可靠与依赖	0.444

（3）邀请 20 位相关专家对可用性的 10 个指标进行设计的综合评价，评价采用李克特五级量表，将满意度分 5 个等级，引入评语集 V =｛非常好，较好，一般，较差，很差｝，各项赋予的分值分别为 90 分、80 分、70 分、60 分、50 分。准则层各项指标对应的综合模糊评价矩阵 R 如下所示，并使用加权平均型模糊算子，将模糊评价矩阵与层次分析法得到的权重进行合成运算，计算出准则层个指标的评价权重向量：

$$TA = (0.207, 0.192, 0.044, 0, 0)$$

$$TB = (0.144, 0.211, 0.066, 0.022, 0)$$

$$TC = (0.041, 0.052, 0.015, 0.004, 0)$$

（4）通过各准则层评价矩阵得出综合评价向量，与评语集等级对应的分值进行加权计算，得到该种脑瘫儿童木质交互玩具百分制评价总分为 82.15 分。根据模糊评价等级与分值的对应关系，该款脑瘫儿童木质交互玩具的可用性评价等级为"较好"。直觉体验 A、过程体验 B 与反思体验 C 的评价分数分别为 83.89 分、80.61 分与 80.89 分，均得到了"较好"等级的评价，直觉层次设计最优，过程体验设计还有改进的空间。

5.1.5 讨论

1. 设计创新点

在材料的使用上，与传统抓握类玩具选择软性轻质材料不同，产品创新地选用了木材＋硅胶的组合，保证抓握舒适性的同时，增加了玩具的重量，从而更好地锻炼脑瘫儿童的抓握能力，而且充分利用了硅胶易变形的特征，使理想的交互效果得以实现。

目前，与康复机构使用的教具不同，本产品在设计中引入了引导式教育理念，患儿可在"温柔的"语音提示下进行操作且操作流程与结果完全可视化，不仅能增进儿童的理解力，减少负面焦躁情绪，同时还能减少辅助教师的工作量。

Arduino 交互设计平台的引入使产品体验更加丰富，患儿操作成功后得到声光正向反馈，促进患儿积极开展手部训练，早日康复。

在情感化设计方面，产品营造了"大丰收"的故事情境，抓握拔出玩具的过程好像在地里采摘果蔬，趣味性、互动性强；而且选用的果蔬都是生活中常见且便于抓握的，有利于提高患儿对事物形态和色彩的认知能力，一举两得。

2. 设计局限性及改进思路

经过设计讨论与反思，本产品还存在需要改进的问题。

（1）造型方面。底座的造型参考了已有的产品，比较简单，没有经过仔细推敲，缺乏创新性；果蔬造型的情感化设计做得还不够，只是把日常形态进行了简单的抽象化，还有很大的改进空间。

（2）人机尺寸方面。合理性仍需进一步验证。进行用户调研时，由于条件有限，只做了不同尺寸的球状模型让患儿去抓握，而果蔬的玩具造型与简单的球相比更加复杂多样。因此，得到的数据只是在合理的区间内，并不一定适用于每种果蔬。要想让尺寸更加准确适用，应将模型 3D 打印出来，再让用户去使用并记录结果。

（3）交互反馈方面。声光电儿童玩具现在存在很大争议，有专家指出过大的声音和强烈的光刺激会影响情绪，损害专注力，有的儿童甚至会对此类玩具产生恐惧。而本次设计实践中对于鼓励性语音的声音分贝和呼吸灯的颜色、亮度均缺乏科学性的深入讨论与研究，简单的声光反馈能否起到激励作用也存疑，需要调研才能得到令人信服的结论。

脑瘫儿童对反馈的理解与正常儿童不同，引导式教育理论和积极行为支持理论为脑瘫儿童康复玩具设计提供了理论支持。针对脑瘫儿童的心理障碍特征，探索出一条正确的反馈交互模式，并通过层级分析法进行产品测评。另外，基于 Arduino 的交互式玩具能有效激发使用者的好奇心和探索欲，因此产品总体评价较好，过程设计体验还有改进的空间。此外，木材与交互式玩具的结合也是一次成功的尝试，针对脑瘫儿童的基于 Arduino 的交互式玩具能进行有效反馈，这在康复领域是一次不小的突破。然而，对特殊儿童康复领域的玩具设计还需要专业设计人员和有相关康复背景人员的共同努力，后续将针对用户反馈，深化材质应用，探索反馈的合理性，为产品提供更精确的设计指导。同时，已从设计和康复工作者角度探讨了设计的理论依据，这为产品投入使用的实践环节提供了现实指导。

5.2 基于联觉创新体验的木质结构智造设计

1. 目的

结合联觉创新理论，探索木质结构和智能制造背景下新的创新形式，设计出一款创新式木质结构产品。并为该产品构建一套可用性评价模型，评价该创新产品的可用性，有助于在该产品研发早、中期阶段进行改进，发现产品可用性问题。

2. 方法

运用了联觉创新体验理论对木质结构进行产品创新设计，并运用感性评价和层次分析法对该产品的可用性进行评估与分析。

3. 结果

设计出一款提供联觉体验的音乐可视化木质结构产品，并构建一套可用性评价体系。结果显示，该产品整体可用性介于"良好"与"优秀"之间，基本能够令用户满意。

4. 结论

结合联觉创新体验理论探索木质结构的创新产品设计是可行的，为该产品构建的评价体系也能够对产品的可用性进行准确的评价，为产品的迭代创新提供参考。

5.2.1 项目介绍

中国传统木结构历史悠久，中国为了保护林木被过度砍伐逐渐限制了木材的应用，阻碍了木结构的发展。近几十年来，木材作为可持续发展背景下的一种重要材料又被重新重视起来。国内的专家和学者都对木结构的形式进行了创新和研究。这些创新和研究主要集中在木结构本身的连接节点、基本构件的创新上，主要应用形式集中在中国木制建筑的应用上，罕有对木结构结合到其他领域的智能创新的研究。木结构形式本身的创新不可避免地忽视了对人的关注，缺少相应的人文关怀。然而，实体交互作为一种新的交互形式，正给木结构的创新带来新的契机。实体交互是人通过与物理环境的互动，实现与数字化信息发生数据交换，此定义由美国麻省理工学院（MIT）媒体实验室的 Hiroshi Ishii 提出。实体交互着重在给使用者带来一种全新的使用感受，让用户感受到设计者对人的关注，提高产品的用户体验。那么如何充分发挥木结构和实体交互的双重优势，并将传统木结构的创新和实体交互完美结合起来就成为一个值得探讨的课题。

联觉是指人的一个感觉通道所得到的信息被另一个感觉通道所感知。联觉体验现已广泛应用在了产品设计中，如湖南大学的涂阳军等研究了基于联觉的食品包装设计方法，浙江大学的程宽将视听联觉应用到了智能玩具的设计中。该设计方法能够从视觉和听觉两个维度提高用户对该产品的感知和体验程度，有助于提高产品设计中的用户体验感受，提高人机交互过程的愉悦度和满意度。本章将结合联觉创新体验这一理论，尝试对木结构的实体交互式产品进行智能创新设计，设计出一款将视听体验结合起来的木结构交互式产品，将音乐进行可视化，并通过层次分析法对该产品的可用性进行评估，以期探索木结构新型创新形式的可行性和提高产品的可用性。

5.2.2 理论基础

1. 联觉在交互装置中的设计创新

1）联觉的概念

联觉最早从希腊词"Synesthesia"翻译而来的，其中"Syn"有"一起""相同"等含义，而"（a）esthesia"则翻译成"感觉"一词，因此"Synesthesia"具有"相同的感觉"的含义。钱钟书先生首次翻译时将这一词语翻译成"通感"，即意为"通联的感觉"。最开始它被认为是一种心理现象，是指外界刺激感官后以相同或不同的方式引起的另一种无直接接触的感官产生非自愿的联想性心理反应，随着研究的深入，发现在生理和认知上也有相应的现象产生。

2）联觉的发生机制

一般情况下，单个的感官输入所引起的知觉现象也是单一的，但由于人的大脑中的交叉激活机制，相邻的大脑区域之间的连接紧密性，为感官的通联提供了体验基础。在研究中发现顶叶这一大脑区域在将两个区域信息结合成统一感知力的过程中占有重要地位。当来自外界的诱导物对单感官产生刺激时，就会引发伴随体验，在大脑中合成从而触发其他不同的感官产生相应的感应现象，如图 5–17 所示。

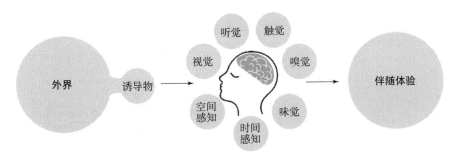

图 5 –17　联觉发生原理

3）"视觉 – 听觉"联觉

据研究，目前已知的联觉类型已超过 80 种，它们不只限制在视觉、听觉、触觉、嗅觉、味觉等感知上，而且延伸到了时间、空间等领域。其中，研究更为广泛的是艺术通感，英国物理学家牛顿针对声音的频率和颜色的波长之间的关系进行了对应的假说，他认为音阶与光谱色之间具有一定的对应关系，如表 5–2 所列。

表 5 – 2　牛顿：音阶与光谱色的对应关系

音阶	光谱色	心理情感
Do	红	热情澎湃
Re	橙	温和浑厚

音阶	光谱色	心理情感
Mi	黄	清雅单纯
Fa	灰	厚重凝滞
So	绿	生机勃勃
La	蓝	忧郁伤感
Si	紫	孤僻虚幻

视觉和听觉是对艺术通感中的"色音通感",又称"色音联觉"初步研究,研究的是人的视觉感受与听觉感受在外界刺激下所产生的非自愿感知联通反应。视觉和听觉两种感官之间的相互影响因素除了上面提到的牛顿提出的音阶与光谱色的对应关系外,还有许多其他的对应关系。在日常生活中,不同的视觉往往会带来不同的听觉感知,反之亦然。视觉与听觉两种感官体验也经常会产生关联性的感知合成现象,给用户带来更强烈的感官体验。

4)"视觉-听觉"联觉在交互装置中的应用创新

随着日常生活中信息逐渐变得冗杂,单感官的信息刺激在当前环境下已经无法很好地产生作用,而在传统的人机交互过程中视觉和听觉是主要的信息来源通道。因此,视觉与听觉两种感知之间的联觉在交互设计中的配合应用有助于改善这一问题,增加信息获取的主动性和准确性。因此,在交互装置中通过利用视听联觉可以加强对用户的感官刺激,及时吸引用户的注意力。

如图5-18所示,在交互装置中,客体1属于装置的诱导物,即感知输入部分;客体2属于用户的感知可视化,即感知输出部分。通过客体1刺激视觉、触觉使得大脑产生对应的感受,促使用户做出相应的信息筛选工作以及个性化操作(图中过程①、②)。随后,通过用户操作在装置上的反馈,装置整合出相应的听觉刺激,再次对用户产生听觉诱导物,刺激大脑产生多感官的合成体验。与此同时,客体2将用户的操作进行可视化,产生出的视觉产物再次作用于视觉（图中过程③），形成一个多次的反馈过程。此时，听觉与视觉成果在人脑内进行一个"视听联觉"反应（图中过程⑤），加强了用户对信息的体验。用户在接收到最终的视觉刺激时也可以通过终止装置的视觉和听觉形成过程再次做一个信息筛选（图中过程④）。交互装置主要是利用多感官联觉及其反馈对大脑的反复刺激来达到加强信息传播的准确性和效率这一目的。

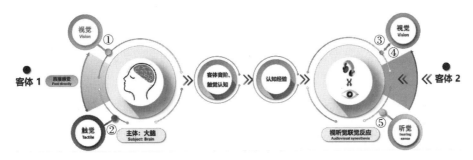

图 5-18　本交互装置的作用机制

2. 当代木结构的智能创新

随着现代林业技术的发展和持续规划木材的使用与种植林木，木制材料低碳性和可持续性的优势将会不断显现。目前，木材在材料学研究背景下依然处于不可忽视的地位，其适应于当代社会的材质改良创新技术和应用方法在不断发展。随着智造时代的到来，木材这一传统材料与科技相结合，会不断提升自然材料的可变性和可适性。通过将木材和解构化、数字化等概念相结合，可以改变传统木结构设计的局限性，提高木结构各方面的性能，为木结构持续创新助力。

1）相关理论概述

森佩尔在材料置换理论中指出，"人类文化的发展时常会出现材料的置换，即为了保持传统的价值符号，一种材料方式的建筑属性出现在另一种材料方式的表现中"，即在材料组织方式上，可以根据相似属性材料的组织方法，适当地套用建构逻辑，构造形式不变而将本体材料置换成同属性材料。森佩尔在材料置换理论中，用大量的人类建筑文化发展来说明材料置换概念的普遍适应性。在木材的应用中，其应用方式可根据其形式特点而置换在其他各种材料的组织应用方式中。木的模块化可应用多种砌体的砌筑方式，木的界面化形式可应用多种二维平面视觉设计方法等。其丰富的形态可置换于多种材料的建构方式中，具有广泛的适应性，形成别具一格的空间艺术、界面形式、视觉语言与文化表述。

2）木结构智能创新应用场景

近十年，我国现代木结构研究呈现快速增长趋势，在材料性能及加工、构件性能及创新、连接性能与进展、体系研究与开发、防火研究及需求等方面均取得重要进展，标准规范体系趋于完整，全产业链日趋完善，工程应用逐年增多。

作为现代木结构体系的一个重要组成部分，连接方式的选用是制作木结构与其他材料复合产品的关键与难点。在连接性能研究方面，在传承古代榫卯连接技术这一传统建筑文化精髓的同时，当代研究拓宽了木结构的应用领域，常用的连接结构形式有焊接结构、钉接结构、胶合结构、拼接结构、搭接结构、榫接结构、框架角部结构和箱框结构等。现阶段，应用于木塑材料的连接方式主要为焊接、钉接和胶合三种连接方式。齿板连接广泛应用于轻型木结构领域，通过自攻螺钉对螺栓节点进行横纹增强、在节点部位引入预应力技术，有效提高了木结构与其他材料进行连接时的稳定性，扩大了木结构产品的使用场景。

现代材料与建筑技术的发展将木结构推向了一个全新的发展阶段。①材料方面：正交胶合木（CLT，如图5-19所示）、层板胶合木（GLT）、层板钉接木（NLT）、单板层积材（LVL）等一类材料具有比强度高、安全系数大、可以预制加工等优势；②结构方面：专利中利用高压气体的爆轰力使木材的毛细管孔扩张，填充料、助剂紧接着充入而与膨化了的木材组织共混共聚，再立即压制成型。如图 5 - 20 所示，根据采用的螺钉连接件的木 - 混凝土推出实验，提出了承载力预测模型，有效地提高木结构连接强度。

图 5 - 19
CLT 连接件

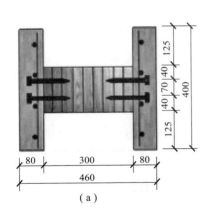

（a）

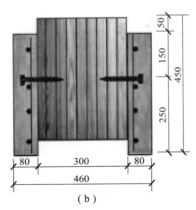

（b）

图 5 - 20
木 - 混凝土结构试件

在科技飞速发展的今天，智能化产品的弊端即缺乏人文关怀，或是生硬地将艺术符号与科技产品结合。然而，通过木制功能构件可借助其本身蕴含的自然语言表达艺术特性，有机地与智能产品结合。通过结合森佩尔材料置换理论，并充分利用木结构特性，有效结合木制材料的特性与智造时代生产加工特点，将促进木结构智能创新产品发展，使智能产品更具传统木文化特色，更加环保可持续。

5.2.3　设计实践

1. 设计定位

基于木质结构创新的前提，本文旨在通过一款产品将"音乐"与"画"二者结合起来，让音乐可视化，即音乐的旋律通过Arduino 技术元件转换成"画画"的视觉效果。用户可以首先自己弹奏音符；然后在纸/衣服/手帕等上面创作一幅属于自己的图画。音符不同、载体不同，每个人创作出来的图画也各不相同，在使用过程中用户可以享受到听觉、视觉、触觉多层次的联觉创新体验。Visual 意为视觉的，Doremi 意为音符，故我们的产品命名为Visualdoremi。

1）目标用户人群

Visualdoremi 目标人群为 18～25 岁的年轻人，此人群生活在一个不断变化、开放、新鲜事物层出不穷的社会中，并且接受了良好的教育，对新鲜事物更愿意接受和尝试。音乐可视化可以帮助用户用音乐生成独一无二的作品，我们的产品让每个用户成为一名创造者，这是从艺术到生活的融合。

2）使用场景定位

Visualdoremi 主要应用于线下服装快闪店。我们正处于全民电商时代，实体服装店在传统销售模式上的弊端越来越明显。目前，很多线下快闪店设置了供消费者体验的小游戏、有趣的互动活动等，通过线下体验和感受提升用户关注度。Visualdoremi通过实体交互在实现色音通感的同时，又可以使用户体验DIY服饰的乐趣。

3）色彩定位

色彩选用以浅色的橡木为主，简约时尚，而且适用于快闪店的环境。橡木材质特点：年轮明显，质地细腻，木质坚硬，后期加工性能好，用橡木做的产品韧性好，档次高，坚固，耐磨耐腐，防水性好，产品效果也符合当下年轻人喜好，从各方面来说其材质上的优越性皆符合我们的产品。

2. 产品功能与创新

1）产品功能描述

基于木结构创新，将视听体验结合起来，通过实体交互将音乐可视化。当用户弹奏并按压琴键时通过压力传感器触发墨盒中不同的颜色；台面控制旋钮控制出墨口转动到滴墨位置；台面振动/旋转按键启动后，台面纸张跟随台面发生振动/旋转，滴落的墨水落到纸/衣服/手帕等上形成图画；弹奏结束，用户就有了一幅亲手创作的独一无二的作品，用户也可以根据我们提供的乐谱弹奏出一幅作品。

"音乐"给予的是听觉上的触动，"画"给予的视觉上的触动，Visualdoremi将二者结合起来，通过色音通感使用户在感知过程中引起联想性的知觉反应，以趣味性的设计提升用户体验。其产品草图、模型图、设计效果图和使用流程，如图5-21~图5-25所示。

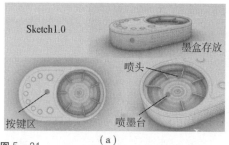
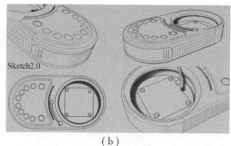

Sketch1.0

墨盒存放

喷头

按键区

喷墨台

（a）

Sketch2.0

（b）

图 5-21

产品草图

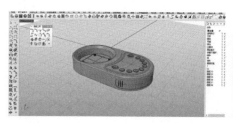
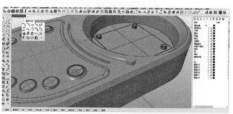

图 5-22

产品建模

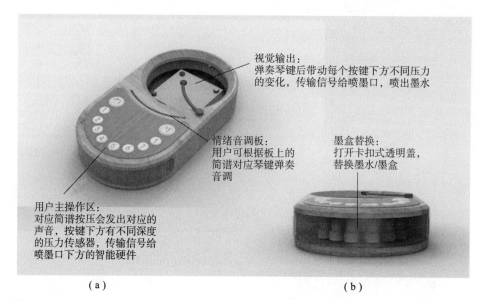

视觉输出：
弹奏琴键后带动每个按键下方不同压力
的变化，传输信号给喷墨口，喷出墨水

情绪音调板：
用户可根据板上的
简谱对应琴键弹奏
音调

墨盒替换：
打开卡扣式透明盖，
替换墨水/墨盒

用户主操作区：
对应简谱按压会发出对应的
声音，按键下方有不同深度
的压力传感器，传输信号给
喷墨口下方的智能硬件

（a）

（b）

图 5-23

产品介绍

图 5 - 24 产品使用场景

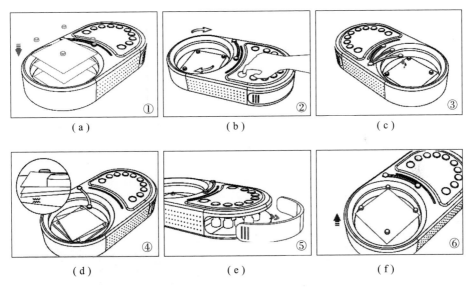

图 5 - 25 产品使用流程

（a）放置布面，磁铁固定；（b）触发旋转按键，产品运行；（c）转动出黑头，
开始绘制；（d）触发振动键，台面振动；（e）若墨水用尽，开盖替换墨盒；
（f）拿起磁铁，取出作品

　　该产品造型简洁圆润，摒弃了一切烦琐的设计元素，用简
约的设计语言给用户一种亲切感，引发用户的感性体验。产品

的喷头处采用了黑胶唱片机唱臂的设计语言，通过两个木齿轮（图5－26）的相互啮合可以实现喷头旋转。台面区四角放置了磁铁，用来固定图画的载体，台面四周全封闭防止墨水到处喷溅，弧形乐谱卡片插台跟随产品整体造型从而不破坏造型韵律感。墨盒存储区与琴键一一对应，弹奏琴键后带动每个按键下方的墨盒，随着不同压力的变化，传输信号给喷墨口，喷出墨水。

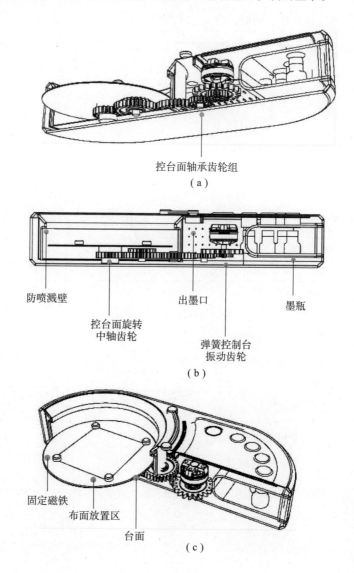

控台面轴承齿轮组

（a）

防喷溅壁　　　　　　　　　　出墨口　　　　墨瓶

控台面旋转
中轴齿轮

弹簧控制台
振动齿轮

（b）

固定磁铁
布面放置区
台面

（c）

图 5 －26
木结构图

2）产品创新点

设计创新点起源于音符与色彩的联系，颜色是通过光波传播，声音是通过声波传播，它们都是一种波动，只是它们的性质和频率范围不同，利用"波动"的概念，使色调对应音调构成了二者之间的媒介。该产品利用听觉与视觉的通感创造出了一种丰富的、多层次的体验，在享受音乐的同时用色彩传递出用户内心的缤纷世界与美好向往。同时，也让用户体会到色音通感的另一个境界，艺术来源于生活，将每一个音符中所代表的含义喻为生活中的点点滴滴，它们共同组成的是色彩斑斓的生活。

大家往往会因为繁忙的生活而忽略了一个事实：其实正是我们的五感为我们传递着这个世界的每一份美好。通过该产品，每个用户感受并思考感官的魅力，在"听"的瞬间去享受视觉的体验，同时在 DIY 的创作过程中，会感受到更加丰富多彩的艺术感染力。

3. 产品交互原型设计

1）产品信息架构

如图 5 - 27 所示，产品主要分为：①输入端口：触觉端、视觉 A 端；②中介端口：联觉端；③输出端口：听觉端、视觉 B 端。触觉端主要是通过按压琴键实现实体交互。视觉端分为视觉 A 端、视觉 B 端，视觉 A 端主要是指看得到的产品固定的静态造型，视觉 B 端主要是指看得到的产品的动态造型以及在弹奏过程中产生的随机图画。听觉端主要是指各按键对应的不同音阶，弹奏不同的琴键可以输出一段优美的旋律，通过压力传感器、传动齿轮、转盘平台达到联觉的创新体验。

2）技术原理原型图

如图 5 - 28 所示，技术原理原型图主要分为两大部分：①输入端口：固定板以及相关原件；②联觉端口与输出端口：智能硬件开发板以及相关元件。

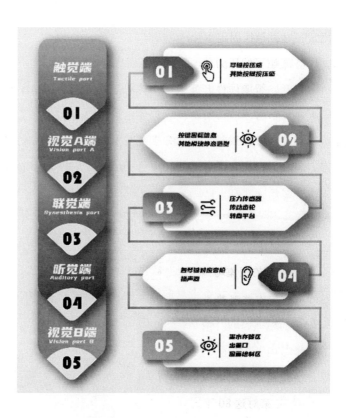

图 5 –27

产品信息架构图

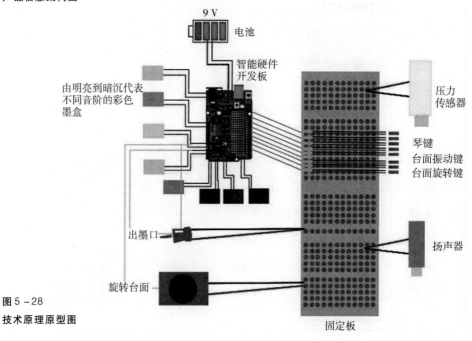

图 5 –28

技术原理原型图

固定板通过导线固定木质琴键键帽、台面振动键帽、台面旋转键帽、各键帽下的压力传感器、出墨口、旋转台面以及连接智能硬件开发板。智能硬件开发板通过导线连接电池、墨盒、出墨口与旋转台面。在产品运行时，首先固定板部分的压力传感器传输信号给智能硬件开发板，其次智能硬件开发板接收并释放信号给墨盒，最终墨盒配合圆台振动/旋转形成图画。

5.2.4 设计评估

1. 感性词汇的搜集与筛选

感性词汇代表着消费者对于产品的主观印象，反映出产品可用性对用户的心理影响。用户在使用该可视化产品的过程中，涉及用户的本能层、行为层、反思层以及人机工程学等方面的内容。根据这几个方面初步归纳了80个感性词汇。这里采用德尔菲法，邀请了10名专家对这80个感性词汇进行评判，最终选择了16个最能代表用户对可用性印象的感性词汇作为评价指标，如表5-3所列。

表5-3　16个典型词汇列表

序号	感性词汇
1	亲近的
2	简洁的
3	美观的
4	直观的
5	吸引人的
6	有质感的
7	可控制的
8	可视的
9	可学习的
10	反应快的

序号	感性词汇
11	简单的
12	和谐的
13	满意的
14	可靠的
15	愉悦的
16	有趣的

2. 产品可用性层次分析

用层次分析法将音乐可视化产品的多层次指标模型分为三个层次：目标层 A、准则层 B、指标层 C，如图 5-29 所示。其中目标层为音乐可视化产品的总体可用性；准则层为外观可用性、操作可用性和感知可用性；指标层为评估每个可用性的具体指标因素，这些构成了该产品基础的三级可用性指标。

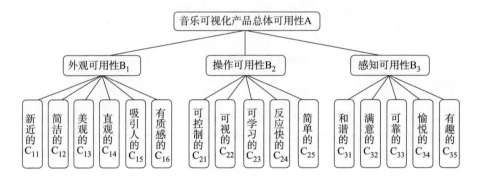

图 5-29

产品可用性的多层次指标模型

3. 判断矩阵的构建

运用九级标度法将目标层和准则层进行两两比较，构造判断矩阵。邀请产品设计人员、设计师与专家用户构成专家小组进行比较分析并收集其调查问卷，利用德尔菲法使专家小组意见趋于集中，直到最后结果基本一致。

对判断矩阵进行一致性检验，计算一致性比例公式为

$$CR = CI/RI$$

式中：RI 为平均随机一致性指标，只与矩阵阶数有关；CI 为一致性指标。

当 CR < 0.1 时，一致性检验通过，否则将重新修正判断矩阵，直到通过为止，即

$$CI = (\lambda_{max} - n)/(n - 1)$$

式中：λ_{max} 为最大特征值；n 为矩阵阶数。

通过比较分析，音乐可视化产品总体可用性 A 的判断矩阵为

$$\boldsymbol{A}' = \begin{bmatrix} 1 & 1/3 & 1/2 \\ 3 & 1 & 2 \\ 2 & 1/2 & 1 \end{bmatrix}$$

1 级可用性指标中，外观可用性指标 B_1、操作可用性 B_2、感知可用性 B_3 的判断矩阵分别为

$$\boldsymbol{B}_1' = \begin{bmatrix} 1 & 3 & 2 & 1/3 & 1/2 & 1/2 \\ 1/3 & 1 & 1/2 & 1/3 & 1/5 & 1/2 \\ 1/2 & 2 & 1 & 1/3 & 1/4 & 1/2 \\ 3 & 3 & 2 & 1 & 1/2 & 2 \\ 2 & 5 & 4 & 2 & 1 & 2 \\ 2 & 2 & 2 & 1/2 & 1/2 & 1 \end{bmatrix}$$

$$\boldsymbol{B}_2' = \begin{bmatrix} 1 & 1 & 1/4 & 3 & 1/2 \\ 1 & 1 & 1/2 & 2 & 1/2 \\ 4 & 2 & 1 & 2 & 1 \\ 1/3 & 1/2 & 1/2 & 1 & 1/2 \\ 2 & 2 & 1 & 2 & 1 \end{bmatrix}$$

$$\boldsymbol{B}_3' = \begin{bmatrix} 1 & 1/7 & 1/4 & 1/5 & 1/6 \\ 7 & 1 & 2 & 2 & 2 \\ 4 & 1/2 & 1 & 1/2 & 1/2 \\ 5 & 1/2 & 2 & 1 & 1/2 \\ 6 & 1/2 & 2 & 2 & 1 \end{bmatrix}$$

4. 指标权重的计算

根据判断矩阵中的模糊数值，借助层次分析软件 Yaahp 求解出各层指标的权重值。权重值反映出各感性评价指标对该音乐可视化产品总体可用性的影响程度和重要性大小。结果显示，用户对该产品的操作可用性最为重视，其次是感知可用性，如表 5 - 4 所列。

表 5 - 4　权重分布详细数据

总目标	1 级指标	权重值	2 级指标	权重值
音乐可视化产品总体可用性 A	外观可用性 B_1	0.163 4	亲近的	0.020 9
			简洁的	0.009 7
			美观的	0.013 6
			直观的	0.038 3
	操作可用性 B_2	0.539 6	吸引人的	0.052 8
			有质感的	0.028 1
			可控制的	0.084
			可视的	0.082 2
			可学习的	0.175 9
			反应快的	0.053 6
	感知可用性 B_3	0.297 0	简单的	0.144
			和谐的	0.012 2
			满意的	0.107
			可靠的	0.041 4
			愉悦的	0.057 5
			有趣的	0.078 8

5. 可用性问卷测评

以该产品用户为评价对象，首先选取 30 位用户对该产品进行测试，用户通过产品演示视频和体验产品操作交互过程对产品进行了解；然后对产品依据 3 级指标的 16 个典型词汇给予评分。用户通过在文字等级"优秀""良好""中等""合格""差中"进行选择来评测等级，评价等级对应的分值 5、4、3、2、1 在下一步计算时再转换，如表 5 - 5 所列。

表 5 - 5　产品可用性测评表

编号	测评指标	测评指标说明
C_{11}	亲近的	产品具有一定亲和力
C_{12}	简洁的	产品造型简洁，不烦琐
C_{13}	美观的	外形美观、充满视觉美感
C_{14}	直观的	造型和功能按键直观易懂
C_{15}	吸引人的	外观有特色、吸引人的目光
C_{16}	有质感的	材质和做工良好
C_{21}	可控制的	所有操作在可控范围内
C_{22}	可视的	能清晰明白操作方式
C_{23}	可学习的	操作与交互易学习、可很快掌握使用
C_{24}	反应快的	产品操作的交互反应速度快
C_{25}	简单的	产品操作简单易用
C_{31}	和谐的	产品与用户交互关系和谐
C_{32}	满意的	产品给人以满足感、让用户满意
C_{33}	可靠的	无故障工作时间长、稳定性好、可信任
C_{34}	愉悦的	使用过程中用户感到放松愉快
C_{35}	有趣的	使用体验和交互过程有趣

6. 总体可用性评估

将 30 位用户的模糊评价测试表收集后导入 Yaahp 软件进行分析。通过加权计算，最终得到所有用户的总分，即对产品总体可用性的评分，如表5-6所列。

表5-6 测评数据加权计算总分

测评人员	用户1	用户2	用户3	用户4	用户5	用户6	用户7	…	用户30
综合评价	4.064 2	3.693 0	4.619 5	4.433 9	3.794 9	4.661 0	4.030 0	…	4.653 4

由表5-6中的数据可以计算出30位用户的总体可用性综合评价分的平均值：$\bar{A} = 4.346\ 2$，根据模糊评价等级和分值的对应关系，可看出该音乐可视化产品的总体可用性介于"良好"和"优秀"之间，与"良好"（4.00分）较为接近、与"优秀"（5.00分）较远，说明用户对该款产品的可用性评价是基本满意的，但仍有改进的地方。从用户对典型感性词汇的评分统计来看，还需要在产品的美观的、吸引人的和满意的等方面加以改进和完善。

5.2.5 讨论

1. 心得体会

在基于木结构创新设计课题下，我们提出了音乐可视化的概念与想法，通过实体交互给予信息特定的、用户易于感知的形式，力求在实体交互中创造全新的联觉体验，激发用户的感受。通过本次课程，一方面锻炼了我们的设计与写作能力；另一方面增强了我们对交互设计与用户体验研究更深层次的认识。在产品可用性评估方面，我们以感性词汇为基础运用层次分析法构建了产品可用性指标模型，运用感性工学理论分析了该音乐可视化产品，为产品的下一步改进提供了指导。

2. 发现不足

在回收的问卷中，通过计算得出准则层中操作可用性评分较高，指标层中直观的、可学习的、有趣的评分较高，说明我们的产品造型和功能按键直观易懂，用户在使用过程中操作简便，易学习，体验较好。但是，准则层中外观可用性评分较低，指标层中美观的、吸引人的与满意的评分较低。由于新冠肺炎疫情的原因，此次课程为线上开展，故并没有做出实体交互实物，仅凭产品介绍视频与线上交互模拟用户并不能真正地体验到我们的产品，可能在填问卷时有所保留，因此满意度较低。下一步我们将会对产品的外观进行改进和美化，如果有机会可以做出实物。我们将线下邀请用户进行测评并进一步完善我们的产品。

3. 应用前景

Visualdoremi 主要应用于线下服装快闪店，用户通过实体交互可以实现色音通感，又可以体验 DIY 服饰的乐趣。随着新兴技术的不断发展，联觉的创新体验可以拓宽人们的认知模式，而这种认知模式的拓展可以突破现有行业催生出新行业。例如，在教育方面，在音乐教学过程中，仅通过听觉所传授的效果并不明显，但将音乐转化为一定的视觉效果，运用视听通感进行音乐教学，不仅可以让学生更直观地理解与感受，而且增加了音乐教学的趣味性。在人文方面，聋哑人士无法听见声音、无法发出声音，正由于他们缺乏对听觉的感受，所以对其他五感的感受更加敏感，音乐可视化可以让聋哑人士"看见"声音，感受音乐之美。

现代新媒体的快速发展为音乐可视化提供了充分的基础，在未来的时代发展中联觉创新的形式有着无尽的发展空间和应用前景，能够给大众带来更多新的感性体验。

4. 结论

这里结合联觉创新体验理论设计了一款创新的木质结构智能制造产品，并对该音乐可视化产品的可用性进行了研究。结合感性评价的方法，运用层次分析法构建产品的可用性评价体系。该评价方法能够了解产品可用性现状，有助于后期设计人员对产品进行改进，进一步提升产品整体的可用性。该评价方法能充分考虑到用户各方面的需求，对产品的可用性进行较为准确和客观的评价，同时也可为构建其他同类产品的可用性评价体系提供参考。由于对被调查者采用的是主观评价的方式，并且样本数量有限，该方法也有一定的局限性，后续我们将对该音乐可视化产品和针对该产品的可用性评价方法进行一定的优化。

5.3　木质时钟实体交互用户体验设计

1. 目的

随着时代发展和社会生产方式的变化，将中国传统木结构与现代智能化产品相结合成为新的研究的领域。特别是当今社会人们对于记录待办事件有了相比以往更高的需求，改变传统的记事交互模式，采用实体交互的模式带给用户更好的使用体验，并评估其用户体验指标，有助于在产品研发的早、中、后期进行改进。

2. 方法

采用文献调查法以及桌面调研法，确定用户对于智能记事时钟的功能、使用方式、潜在需求及期望，以此为依据完成方案设计，采用 ASQ 问卷调研和用户口述报告对其进行用户体验评估。

3. 结果

基于交互方式的改变对用户体验的影响的调查，得出了用户对产品功能、有效性、易用性、易学性、趣味性及整体满意度的评价。评估结果显示该智能记事时钟设计实践的可用性评价较高，其中趣味性分值最高，其次是产品功能和整体满意度，有效性及易用性得分相对较低。

4. 结论

研究成果丰富了可用性设计在产品设计领域的应用与研究，为相关设计提供参考。同时，关注传统木质结构如何创新应用来改善其生命周期，设计实践以记事时钟为载体，为相关产品的研发提供新的设计角度与思路。

5.3.1 项目介绍

随着互联网通信技术及新媒体的逐渐普及，木质结构消费者的信息环境正发生着巨大的改变。中国传统木结构在慢慢消失，现代社会缺少人文关怀，将传统木结构应用于智慧城市/智能家居面临着许多的问题。首先，新媒体的普及使木材料消费者信息环境变化巨大，引起选购、评价和分享等行为决策的一系列新的变化；另外，木质结构传统的以材料导向的单纯制造业思维模式难以适应"互联网＋"时代日新月异的市场环境以及新技术的冲击；最后，木质结构产品生命周期日趋减少，引起产品策划时间的缩短和对策划质量要求的提高。如何利用新技术的创新成果，理解木质结构从而优化产品研发方法，以便实现对市场的快速响应，成为木质结构制造业必须面对的问题。同时，随着事件记录方式和现有交互模式日趋多样化和复杂化，以图形界面交互记事方式为主、语音交互为辅的交互方式虽成为主流，但仍然存在很大的不足：首先是界面交互方式单一，绝大多数传统记事交互都是通过触控的方式来完成交互操作，没有创新性；其次是语音交互，从搭载语音交互的智能音响等在市场上的火热情况，就更能反映出人们对于智能化交互方式的渴望。但是，同时也存在无法忽视的缺点：信息识别容易受到环境的影响，当用户处于比较嘈杂的环境时识别受阻，容易出错。在目前科技发展的大环境下，手势识别也崭露头角，由于其缺少触觉反馈体验，用户在使用手机触屏时能清楚地感知手指碰到了屏幕。在手势识别中，无法触碰的虚拟键盘会导致用户缺少触觉情感体验，从而降低用户情感体验，使之一直无法成为主流交互方式。那么，在现有交互模式如此多样化和复杂化的情境下，该如何有效地选择相对更优的交互模式成为一个值得探讨的课题。

5.3.2　理论基础

1. 中国传统木质结构现代应用研究综述

木结构是人类最早采用的建筑结构形式之一。早在 3000 年前，中国、古埃及和古希腊三个文明古国就已出现木结构框架体系，随后很长一段时间内木结构以其独有的特性得到了广泛应用。中国传统木质结构，一方面作为中国物质文化遗产及非物质文化遗产的集合记载着中国灿烂的造物文化；另一方面也体现了广大劳动人民深厚的艺术造诣与广博的智慧。随着时代的发展，中国传统木质结构运用到现代人们生活的各个部分。以中国知网（CNKI）为对象搜索库，以"中国传统""木质结构""现代应用"为主题词，通过人工数据筛选，剔除学术价值不高的文献，最终获得了包括期刊、会议、辑刊和硕士论文，共计 12 篇样本文献。将其作为整体来归纳，具体来看其结构连接形式可分为榫接合、胶接合、机械接合、捆绑接合。

榫接合是木材间最传统、最主要的结合方式是榫接合，按榫头的形状可分为方榫接合、圆榫接合、异形接合（燕尾榫）等，按同一接合部位榫头的多少又分为单榫接合和多榫接合。接合的强度由材质、榫头尺寸、榫头榫眼间的配合公差、榫头榫眼间的接合界面类型等许多因素决定；胶接合是指使用胶黏剂使木结构进行接合；机械接合分为钉接合、螺母螺钉接合和连接件接合。前两种都是快速方便的机械接合方式；捆绑接合通过结构性捆绑或通过绳子、铁丝等材料将木结构进行捆绑以固定。除此之外，金属和木材也会用特殊的胶黏剂进行胶接合。木材与塑料会在结构与结构之间进行胶接合，也有木材作为一种装饰材料贴在塑料表面的胶接合，因此一并纳入胶接合部分，如图 5-30 所示。

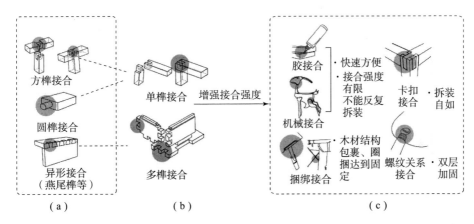

图 5-30　木结构连接形式
（a）榫头形状分类；（b）同一部位榫头多少分类；（c）接合方式

　　不同的木质连接结构方式在应用过程中也体现出不同的优缺点：榫接合受到干缩湿胀问题的影响造成结构的松动，所以在设计时要充分考虑接合面的缝隙大小这个问题。但是，由于其自身本来就含有接合结构不需多余的零件，因此能一气呵成完成结构拼接。①胶接合的优点是施工方便，立竿见影，但缺点是木材胶合面不能存留灰尘，对加工环境要求高，而且绝大多数胶黏剂都含有毒的有机溶剂，不利于环保，安全性差，并且时间久后，胶黏剂会因老化而失效带来一系列安全问题；②机械接合十分方便，甚至不需像胶接合一样等胶黏剂干透，而连接件接合可以反复拆装，但是连接件由于太小容易在日常应用中丢失甚至被家中儿童或宠物吞食。

2. 交互式时钟创新设计研究综述

实体交互作为交互设计的又一个发展领域，20世纪末受到国外学术界的广泛关注。2007年，在美国的路易斯安那首府巴吞鲁日召开了以实体交互为专题的设计会议。实体交互作为交叉性学科受到计算机技术、工业设计以及交互设计等多个领域影响。

Brygg Ullmer 和 Hiroshi Ishii 引入了 Meta DESK 系统，这是一个用户界面平台，通过操纵物理对象、仪器、表面来与数字信息进行交互。通过图形用户界面（GUI）与文本用户界面（TUI）的隐喻转换方法寻找可以代替的物理形式。将图标、窗口、菜单、控制柄和控件物理实例化为物理图标、镜头、托盘、吊杆和乐器。物理对象作为数字信息接口形成了有形用户界面的基础。

在 Lukas van Camperhout 等的研究中，探讨了产品非物质化过程并分析了它的优点和缺点，同时试图找到更平衡的方式设计非物质化产品。他们认为传统数字产品设计分为两种设计方法：一种是数字世界规则的设计方法，这种方法的优点是可用性和灵活性高，缺点是完全的标准化，导致如今的一代数字产品，如电饭煲、洗衣机等都拥有相同的界面；另一种设计方法是物理环境法则。这种方法在物理环境中有高度可操作性却忽视了数字世界的价值。他们通过音频系统和支付终端两个设计项目的创新，提出第三种即"模块"的设计方法，即产品的不同功能对应不同的物理区域，希望这种方法能够统一两个世界的优势：数字世界的灵活性和物理环境的丰富性。

湖南大学的汪默在《基于实体交互的智能硬件产品设计方法》一书中，从交互角度探讨硬件产品的设计，并提出以资源库为核心的基于实体交互的智能产品设计方法。

中国矿业大学的王选在《基于有形交互的交互式产品设计方法》一书中，以实体交互理论为主干，以可用性理论、情感体验理论为基础，结合交互美学、人机交互等方面知识，探讨了交互式产品的真实环境与信息环境间的关联，构建了基于实体交互的产品设计方法模型并以电饭锅为例进行设计实践。

通过对相关实体交互的相关文献及相关智能时钟创新设计研究发现，大部分智能时钟创新的方向都为数字化交互。第一类通常是将屏幕与时钟进行组合：手势交互、外围设备和语音操控；第二类是可调节的时钟，通常分为屏幕触控交互和机械按钮交互两种。第三类是通过功能和产品之间产生交互，如图5-31所示。

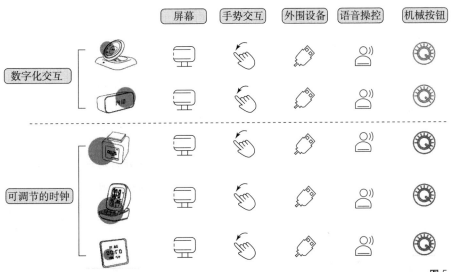

图5-31
现有智能时钟创新设计

产品交互方式的设计是进行产品设计的关键内容，同时用户的感官心理也同样重要。诺曼的《情感化设计》一书，对人的心理与交互设计的关系阐述比较明确，指出设计应以用户为中心，诺曼提出了设计的三种水平：本能、行为、反思；并对交互设计中出现的下意识，人机的信任、游戏操作等做出了论述。诺曼《好用型设计》一书对概念模型定义的提出，成为交互设计研究的核心词汇和交互设计研究方法的基础手法，这些概念成为交互设计的基础理论。诺曼所谈及的"行为水平"是指设计带来的交互行为中的趣味和效率，专门针对交互设计层面，注重用户和产品的交互感受。行为水平的设计讲究效用，关注功能、易用性、可用性、物理感觉四个层面，主要解决功能上基本需求以及广泛的适用范围，通俗的说是"有用"和"易用"。可用性目标的实现体现在两个方面，即产品的"物理用途"和"逻辑用途"的清晰表达。人的时间知觉受刺激的外部因素和人的内部因素共同影响。外部因素指事件的内容、情绪、动机、态度，以及事件的物理性质以及情境；人的内部因素是情绪、动机、态度和人的年龄、生活经验以及职业训练等。①刺激编码越复杂，知觉的持续时间也就越长；②人们对较短的时间间隔，往往估计偏高；而对较长的时间间隔，则偏向于估计不足；③人的各感官对同一时间间隔的判断是不同的，其中触觉和听觉对时间间隔的估计最准确。并且因为生活环境的不同，人与人的时间知觉存在着明显的差异。因此，本文以实体交互作为切入点，基于设计心理学将新兴的实体交互结合中国传统木质结构应用于智能时钟设计中，为智能时钟的设计提供新的思路。

5.3.3　设计实践

1. 设计定位

在当今电子屏幕被过度依赖，智能化产品交互方式单一的当下，利用全新的交互方式提升用户体验成为本次设计实践的重点。本次设计实践将产品定位于智能记事时钟，不仅满足用户基本的安排、记录和提醒日常事务的需求，更以提升用户在此过程中的用户体验为目标，通过语音交互与实体交互的多模态的交互方式满足用户需求。本次设计实践通过对多任务安排者的需求分析和实体交互的特点研究，将智能记事时钟作为设计表达的方向，主要体现在对其功能、造型、材料、交互方式等方面的设计。

2. 产品设计

1) 功能设计

产品的功能架构如图 5 – 32 所示。

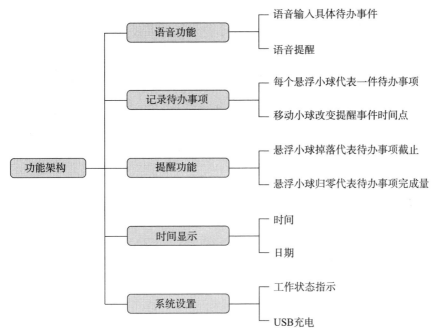

图 5 – 32

产品功能架构

图 5 – 32 中的功能如下。

（1）语音功能：用户语音输入待办事项具体内容，到截止时间点时，产品通过语音播放提醒用户。

（2）记录待办事项：一个悬浮小球代表一个待办事项，用户可以添加多个小球代表有多件待办事项，移动小球可调整待办事项提醒时间点。

（3）提醒功能：悬浮小球掉落代表待办事项时间截止，小球归零可清楚显示用户已完成的事项数量。

（4）时间显示：时钟底盘上可显示当前的时间和日期。

2）草图方案

草图方案的主要内容如表 5 – 7 所列。

表 5 – 7　草图方案的主要内容

方案	草图方案	方案阐述
方案一	年轮轨道（沿轨道归零）　悬浮小球	此方案提取了木桩与年轮的元素，整体造型简约，底盘上设计有年轮轨道，中间位置显示时间和日期，外壳采用塑料切面设计，增加了产品的现代感
方案二	年轮轨道　归零处	此方案在方案一的基础之上，改变了整体造型，将年轮轨道终点设计到底盘的一端，但整体设计语义不太明确
方案三	事件完成后月球汇聚到中央传入盒中　可弹出取球　悬浮球偶存盒	此方案将小球归零方式设计为隐藏式存储，可通过弹出抽屉便于储存小球和用户再次使用，底盘时钟左侧位置显示时间及日期

3）材质及色彩

材料选择为木材与 PVC 塑料的结合，木材选择榉木纹理自然美观、木色柔和，抗冲压能力强与本身密度大、强度好，所以十

130

中国传统木结构营造与当代智造再设计研究
Chinese Traditional Wood Structure Construction and Intelligent Manufacturing Redesign
第 5 章　中国传统木结构的当代智造设计研究

分坚硬，还具有非常的好的可塑性。榉木在蒸汽的作用下，具有一定的可塑性，能够打造成各种造型。PVC 材料具有不易燃性、高强度、耐气侯变化性以及优良的几何稳定性。选择多材料结合的方式也体现出智能时钟的科技感。

色彩的选择是以完整的、大面积原木色为主，配合小面积较冷的白色。整体色彩搭配既满足了当下的简约风格，也自然地保留了木头的原色。偏暖的原木色让人倍感温馨的同时也能让人感受大自然的气息。白色属无色系，简洁大方，采用原木色主导和小面积白色搭配比例约为 4:1 的设计，会让智能产品显得更加优雅大方、整洁明快，带给用户身心愉悦，不会造成用户的消极情绪。

4）效果及使用情景图

在明确了产品的功能，经过草图的绘制，评选出了方案一作为最终的方案。本次设计实践使用 Rhino 软件进行建模和 KeyShot 进行渲染，最终产出的效果图如图 5－33 所示，产品的使用情景图如图 5－34 所示。

图 5－33
智能记事时钟效果图

图 5 -34

使用情景图

　　该产品的使用流程为：手动按动按钮启动设备，放置小球到截止时间点的位置，双击按钮进行语音录入待办事项；当同时有多件事项时，可以用多个小球来记录；当某件待办事项时间快截止时，时钟会语音提醒用户；当该事项时间截止时，小球会自然落下，顺着年轮轨道回到归零点，如图 5 -35 所示。

图 5 -35

产品使用流程

示意图板

（a）按动开关开机；（b）语音录入某待办事项；（c）放置小球到底盘上，找到事项对应点（到达对应点自动悬浮）；（d）可放置多个事项小球，分别对应相应事项进行提醒；（e）当某一事项时间截止时，将通过语音提醒用户；（f）完成某一事项，小球将沿着轨道滚动到起点

5）结构图

产品结构图如图 5 – 36 所示。

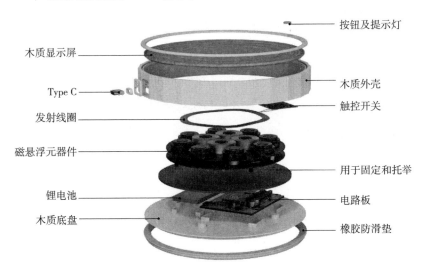

木质显示屏 —— 按钮及提示灯

Type C ——

发射线圈 —— 木质外壳

磁悬浮元器件 —— 触控开关

锂电池 —— 用于固定和托举

木质底盘 —— 电路板

橡胶防滑垫

图 5 – 36

产品结构图

6）产品尺寸图

产品尺寸图如图 5 – 37 所示。

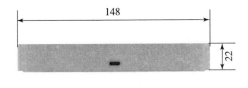

148

22

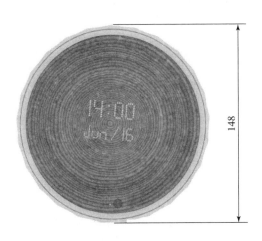

148

图 5 – 37

产品尺寸图

3. 交互创新设计

在本次设计实践中，用户与产品的交互方式主要为实体交互与语音交互，实体交互是为了使安排、记录和提醒待办事项的过程更加有趣，优化这一过程中的用户体验；语音交互则主要是为了辅助实体交互，从而实现产品功能。通过分析该产品的两种交互模式及其对应的功能指令和信息通道，该设计的交互创新如表 5-8 所列。

表 5-8 创新交互与信息通道示意图

交互种类	交互方式	对应功能指令	输入通道	反馈通道
实体交互	按钮长按	开机/关机	物理	视觉通道 触觉通道
	双击按钮	唤起语音输入	物理	听觉通道 触觉通道
	放置悬浮小球	添加待办事项 底盘显示当前位置时间	动作通道	视觉通道 触觉通道
	移动悬浮小球	调整待办事项提醒时间 底盘显示当前位置的时间	动作通道	视觉通道 触觉通道
语音交互	语音输入	语音输入待办事项具体内容	听觉通道	
	语音输出	语音提醒待办事项截止		听觉通道

5.3.4 设计评估

1. 用户体验评估指标的选取

用户体验是用户使用过的某种产品或者服务的过程中产生的纯主观的感受或者情绪；可用性则是服务于用户体验，它要求产品的设计满足用户的需求。产品如果想要收获群众的喜爱，需要注重可用性，如果时钟不能准确指示时间，用户会毫不犹豫地丢弃。

对于可交互的智能记事时钟来说，语音录入和按时提醒等功能是产品的创新点，这种个性化的产品是否能得到用户的青睐，而用户在使用时是否会觉得有效，是评估的重点。易用性是可用性的重要一部分，表示产品对于用户来说易于学习和使用。易学性也是产品的五大衡量标准之一，易学性代表用户首次完成操作任务的难度，以及熟练掌握该操作所花费的时间和次数。记事时钟对于用户来说是频繁使用的产品，测试产品的学习难度显得尤为重要。趣味性就是引起兴趣的特征，没有人能禁得住趣味性的诱惑，优秀的产品设计可以充分又恰到好处地给用户带来快乐的生机。用户的满意度则是用户期望与用户体验和匹配度的调查，可以有效地度量和认识用户对产品和服务的认同程度。因此，选取产品功能、有效性、易用性、易学性、趣味性和整体满意度六个维度作为智能记事时钟的可用性指标，如图 5 - 38 所示。

2. 用户体验评估实验

为了获悉用户对智能记事时钟设计的可用、易用、易学、感性体验及整体满意度情况，验证用户对于该设计方案的主观层面的可用性评价，本次用户体验评估实验共选取被试者共 30 人，男女比为 1∶2。实验员在实验前向被试者讲解实验目的、内容和要求，并通过制作三维动画，向被试者展示该智能记事时钟的功能和使用流程，从而完成前期实验任务，如图 5–39 所示。

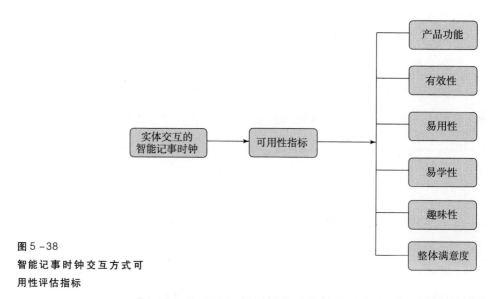

图 5–38
智能记事时钟交互方式可
用性评估指标

图 5–39
展示视频截图

3. 用户自我报告度量

在完成实验任务之后，选用 Likert 7 点评定量表对用户进行美国质量学会（ASQ）问卷调研，问卷量表中对产品功能、有效性、易用性、易学性、趣味性及整体满意度等 6 个方面进行陈述性描述，被试者根据感性体验、可用性评价与满意度层面做出评定点选择，对结果进行分析。ASQ问卷调研后，邀请用户进行关于设计方案的简短评价，用户能够充分地表达自己的感受或观点，重点挖掘用户口语评价报告中负面的关键词或关键点，分析并发现设计不足之处。

本次用户体验评估调研分为ASQ问卷与用户口语评价两个部分。ASQ问卷共12道题目，题项为正向陈述的短句，被测者需要在"非常不同意"至"非常同意"的Likert 7点评定标尺上对语句的同意程度打分，如表5-9所列。口语评价报告无固定形式，根据用户自身感受发表任何对于该智能记事时钟设计的看法，之后实验员就ASQ问卷中获得分数最低的问题进行提问，询问赋分原因。

表5-9 ASQ问卷

题目维度	题号	题目内容	评定量表点
产品功能	1	该产品用小球代表待办事项是可以理解的	1 2 3 4 5 6 7
	2	移动小球调整待办事项提醒时间是可以理解的	1 2 3 4 5 6 7
	3	待办事项时间截止，小球掉落归零的方式是可以理解的	1 2 3 4 5 6 7
	4	语音输入待办事项，到点语音提醒的方式是可以理解的	1 2 3 4 5 6 7
有效性	5	该产品能很好地实现安排/记录/提醒待办事项	1 2 3 4 5 6 7
易用性	6	添加待办事项的方式，能让我很快速地理解	1 2 3 4 5 6 7
	7	移动小球调整待办事项的提醒事项的方式，使我能准确地识读时间	1 2 3 4 5 6 7
易学性	8	该产品的时间读取方式是容易的	1 2 3 4 5 6 7
	9	学习该产品安排/提醒待办事项是容易的	1 2 3 4 5 6 7

题目维度	题号	题目内容	评定量表点
趣味性	10	在生活中使用这样的产品，我会觉得很有趣	1 2 3 4 5 6 7
	11	该产品的交互模式让我感觉很新颖	1 2 3 4 5 6 7
整体满意度	12	总的来说，我对这个产品的外形和功能是满意的	1 2 3 4 5 6 7

通过整理 Likert 7 点量表问卷，统计数据，并计算不同题目维度的得分平均值。问卷得分结果显示（图 5-40），该智能记事时钟设计实践的可用性评价较高，6 个指标平均分均高于评分点中数 4，其中趣味性分值最高为 6.2；其次是产品功能和整体满意度分值较高，有效性及易用性得分相对较低。产品可用性分值雷达信息，如图 5-41 所示。

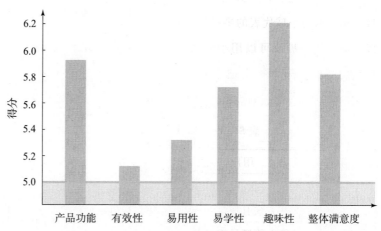

图 5-40
ASQ 问卷平均得分问卷
题目维度

用户通过观看视频了解记事时钟的功能并进行口述报告（表5-10），整理口语报告内容，将评价分为正面和负面两类，发现大部分用户认为产品很新颖，交互方式具有趣味性，将年轮、悬浮球与时间、事项相联系会带来新颖的体验。但是，对

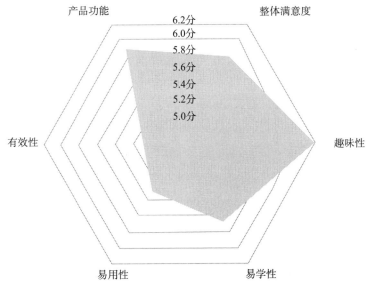

图 5 – 41
产品可用性分值雷达信息

于记录事项的过程，部分用户认为操作有难度操作或过程烦琐，较多用户认为小球代表的事项没有区分、事项代表的重要性不明确，部分用户提议可以用小球的大小、颜色或者花纹区分其重要程度，也有用户提出记事时钟可与手机上的 App 做关联的建议。

表 5 – 10　用户口语报告

评价倾向	用户口语报告提取内容	出现次数
正面	产品新颖，设计感强	9
	交互方式有趣	6
	功能上能满足需求	2
	木质纹理美观，外观好看	3
	年轮和时间联系在一起表达的点有趣	2
	悬浮球的设计有趣	3
	产品易懂易学习	3

评价倾向	用户口语报告提取内容	出现次数
负面	用户学习有难度、操作烦琐	4
	小球所在位置的时间不易识别	2
	小球外观有些笨重	1
	小球可以有花纹和颜色	4
	事项重要性的顺序不明确	3
	小球代表的事项不直观	6
	技术上难以实现	2
	跟 App、智能手机做关联会更好	3
	小球没有收纳保护措施	2
	缺少文字	2

5.3.5 讨论

1. 研究过程总结

1）产品设计阶段

小组通过文献研究和总结后，发现了现有交互模式的局限，因此寻求创新交互模式，最终确定了实体交互与语言交互结合的形式。在保证产品可用性的基础上，通过实体交互增加产品趣味性。来自不同专业的小组成员共同进行头脑风暴，在草图设计阶段实现了多专业的交流碰撞，发散思维，最终确定了创新交互的智能记事时钟的草图，这是一次独特的多专业协作体验。

2）可用性评测阶段

产品设计在完成后进行可用性评估实验，在这个过程中，小组通过学习关于可用性评估的相关论文，丰富了小组成员的研究经验。可用性作为交互设计中的一项重要指标，定义为用户在使用、学习、理解产品（包括任何软、硬件产品）时的难易程度。

可用性评估用来测试用户在使用产品过程中的效率及满意度，衡量用户是否能较好地使用该产品的功能，即产品是否达到可用性标准。可用性评估后可以为产品的完善提供建议，是进行产品改良的有效途径。同时，在条件有限的前提下，通过小组讨论选取最合适的可用性评估方法，也是一种新的尝试。通过分工协作的方式，小组完成了整个方案设计到论文书写的过程，积累了协作经验。

2. 设计实践及用户体验评估的不足

1）设计实践阶段

从设计定位、设计草图的产生到设计的完成，整个过程基于小组间的讨论，以及理论知识的运用。设计过程较为主观，缺少了客观实验的分析。在整个实践过程中，由于知识储备有限、研究经验的欠缺、产品设计过程中客观条件的限制等诸多因素，产品本身还存在不足之处，仍然具有改进空间。

2）用户体验评估阶段

因条件限制，实验最终选择了通过文字和视频两种方式向被试者阐述产品功能及使用流程，被试者线上填写问卷和口语报告的形式。相比实物研究，此方式会存在描述方式不到位、被试者理解偏差等问题，从而使实验数据有所偏差。如果条件允许，应采取实物研究的方式进行可用性评测。由于产品没有实体的限制，研究方法上选取了定性研究的方式，通过 ASQ 问卷和口语报告来验证用户对设计方案的主观层面的可用性评价，缺少了定量研究部分，导致客观分析部分有所欠缺。同时，由于条件限制测试样本量有限，个体间存在差异，会对评测结果产生一定程度的影响，若增加样本量，结果能够更趋于可靠。

3. 改进方向

根据可用性评测得到的数据分析，我们根据被测者的口语评价，发现产品存在的问题和改进空间。第一，产品中"小球"代表的事项，其重要程度无法区分，计划加入小球的不同特征，来强调事项间的重要程度，提高产品的使用效率；第二，产品在时间维度上过于局限，只能设定当天事项，可用性有所局限。因此，计划更改录入事项的时间限制，不局限了一天内的事项提醒，增加产品的可用性。

5.4　木制智能日历用户体验设计

1. 目的

随着电子日历的广泛使用，用户存在缺乏对时间的把控感与使用的仪式感的问题，为改善相关问题设计出一款木制智能互动日历，并对该产品的用户体验进行研究，对设计进行优化。

2. 方法

研究方法是基于 PAD 情感模型理论，通过问卷调研的方式，选取纸质日历、木制日历和电子日历三种不同种类的日历分别从喜悦、乐观、轻松等 14 种情感倾向进行对比研究与分析。

3. 结果

通过三种不同日历的不同情感倾向调研结果的互相对比分析，得出该设计中目前存在的较为缺失的用户情感体验部分，为设计优化指明方向。

4. 结论

研究结论是传统纸质日历在使用过程中用户不会产生兴奋情绪；电子日历的易用性较高，愉悦度和激活度较低；木制日历使用体验良好，能为用户带来兴奋感与愉悦感，但带来的掌控感较弱，相较于纸质日历的可用性降低。

5.4.1 项目介绍

手工时代以木材为主，人们依托各种木材不同的属性手工制造各种日常用品。工业革命开始，加速了生活的工业化进程，木材淡出视野，塑料、金属等充斥着人们的生活。随着气候变化，全球都在关注节能减排，人们也开始注重可持续绿色的产品理念和新技术新材料的研究。我们的社会本身已经进入了信息爆炸的时代，电子产品占据了人们的生活，缩短距离上的限制，增加了生活上的便利，使用传统纸质日历的习惯逐渐被打破，电子日历逐渐成为替代并被广泛使用。在信息化时代，高效成为人们生活与工作的目标，日历也渐渐被简化为实现高效率的规划工具，在这个过程中用户对于时间本身互动与思考则大大减少，缺少了人文关怀及亲身体验的产品和机会。同时，充分考虑和研究木材在产品设计中的创新应用，在设计过程中，运用好材料的纹理、色彩和质地等外在特征，与技术相结合，发挥木质优势同时突破创新。因此，更加注重情感化及用户体验也是本次产品的设计目标，这对兼具审美性与实用性的设计提出新的设计挑战。那么，如何进行实体日历的再设计，选择相对更优的实体交互模式将传统日历的仪式感与电子日历的规划功能进行结合，传统的木质元素结合技术，更好地唤醒人们对于时间的感知与把控并重拾人们对木头的情怀感受成了本次研究的课题。

5.4.2 理论基础

1. 木材概述及创新应用

1）木材概述

（1）基本属性。木材具有质轻、天然的色泽和花纹、调湿、隔声吸音、可塑性强、易加工和涂饰、良好的热、电绝缘性、易燃易变形和各向异性的特点。另外，其亲和的触感和温润的质感肌理效果，更是使用户通过操控木制元件与产品交互时，能摆脱数字设备的冰冷感。

（2）加工工艺。木材的表面处理工艺主要有涂饰、覆贴和化学镀。随着加工技术和生产工艺的改进，木塑复合材料的开发使用，人造板技术的不断完善，木材防腐技术、阻燃技术的革新等，都极大改善了木质材料的特性，克服其在使用上的局限，丹麦的压缩木弯曲技术更是突破性地解决了实木加工的最大难题。

（3）结合方式和中国传统木结构。木制品的装配方式主要有榫结合（图 5 - 42）、胶结合、螺钉结合以及混合结合等。在中国传统木制建筑与家具方面，为了解决木材各向异性的特性，结构上都采用了线形构件框架体系；为了解决木材湿胀干缩的特性，构造上都采用了榫卯构造的柔性连接形式。

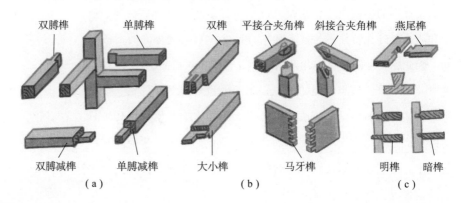

图 5 -42
中国传统榫卯木结构

（4）木结构创新。GC 口腔科学博物馆，灵感来源于一种传统的日本木玩具：チドリ。由木棍组成，每根木棍上有特殊形状的接口，可用不同的方式进行组合；福冈星巴克，用木料呈现出编织结构，使用斜对角的方式构造出引导和流动的空间效果；BUGA 木质展亭非线性数字化下的木结构，其片段式的木质外壳的设计和建造基于海胆骨架的生物学原理，由斯图加特大学的计算机设计与建筑研究所和建筑结构与结构设计研究所共同研发，前后共耗时将近10年；都市阳伞（Metropol Parasol）俗称道成肉身广场的蘑菇（Las Setas de la Encarnación），是西班牙塞维利亚的一座木建筑，位于旧城的道成肉身广场（La Encarnación），由德国建筑师于尔根·迈耶·赫尔曼设计，2011年4月建成。木结构创新的几种具型如图5-43所示。

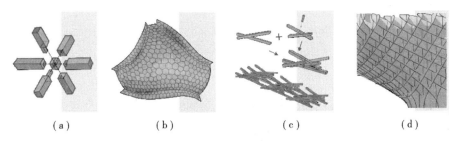

（a）　　　　　（b）　　　　　（c）　　　　　（d）

（a）日本传统木结构；（b）非线性数字化木结构；
（c）编制榫卯木结构；（d）编制胶合木结构

图5-43
木结构创新的几种具型

2）木材的创新应用

（1）木质材料创新。传统木材包括原木、人造板材、木基复合材料等，随着科技的发展和需求的增加，科研人员又逐渐开发出性能优越、适用广泛的新型木材，主要分类四大类，基体功能创新是使木材具有新的功能，如强化、防腐等。

（2）纤维分子创新。利用木材活性集团的反应性与其他分子进行反应，从而在木材上实现新的功能。

（3）重组创新。重组创新是最直接的方法，将木材碾磨刀削后再压制成型。

（4）结构创新。利用木材特殊结构，通过物理结构设计获得功能材料或制品，如隔音等功能。

木质材料创新应用如图5-44所示。

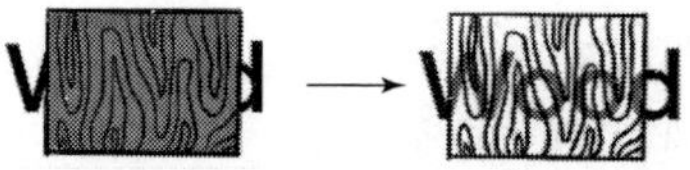

 利用木材纤维素、半纤维素、木素分子的活性集团的反应性，与其他分子之间的取代、共聚或结合反应，从而实现将功能分子接枝于木材基体上。

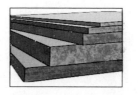 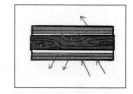

改变木材基体的官能团，使木材具有新的功能。　碾磨刀削处理后，加压成型。　利用木材特殊结构、通过物理结构设计获得功能材料。

(a) 纤维分子创新；(b) 基体功能创新；(c) 重组创新；
(d) 结构创新

图 5－44

木质材料创新应用

  组装固定式木制玩具中的各部分结构连接形式虽然大为不同，但使用频率最高的还是以螺钉为主要紧固零件，此外大多木制玩具连接还采用胶接及捆绑式。较为普遍的组装固定式木制玩具如儿童木马、儿童算盘等。

  木质材料屏幕显示产品创新应用：本设计除木材基本性质应用外，在信息显示上希望达到屏幕与木材合为一体、无干扰不突兀的造型效果，目前有以下类似创新产品：①在木质材料屏幕显示方面，Lwasaki Kouji 设计的木制 LED 时钟在表面覆盖着一层非常薄的贴面，可以让 LED 发光；②尹允允和 Eun Hak Lee 设计了一款手机概念，手机表面覆盖着一层薄薄的木质薄膜，当用户触摸手机时，触摸到的敏感按钮会通过外壳照亮；③日本科技初创公司 Mui Lab Inc 推出了一款木质交互式显示屏 Mui 技术与设计和自然结合，采用樱桃木和胡桃木，通过与网络和家电互联提供智能家居服务。木质材料显示创新的应用如图 5－45 所示。

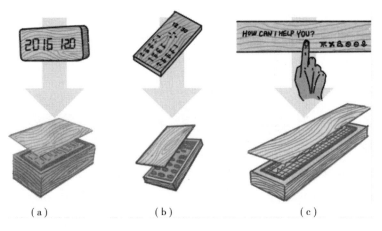

（a）木制 LED 时钟；（b）木制手机概念；（c）木制交互显示屏

图 5 - 45
木质材料显示创新的应用

3）小结

木材性质优异，品种丰富，易加工成各种造型，也对其他材料有较好的兼容性，目前主要在家具建筑领域应用较为广泛。近年来，随着消费者风格偏好多样化以及加工术水平的进步，木材的应用得到了更深刻的创新，在电子产品甚至智能产品中都有探索。

2. 日历交互方式研究现状分析

现代日历由古代甲骨历、皇历发展而来，其主要形式有挂历、台历、电子日历。

日历的交互方式有实体界面交互、图形界面交互、实体与图形界面交互结合这三种形式。实体界面交互是指用户能够与产品产生实体的互动，既有较为传统的"撕日历""翻日历"这种交互，也有不少设计师进行了创新的实体交互方式探究。用一页代表一天是日历最常用的表现形式，因此设计师常常在"去掉一页"这个动作上进行创意设计，来表示时间的流逝，触动人们的情感。例如，日期信息可以一天天刮掉，到年底只剩下一片空白的"刮刮日历"；还有"每天"都是一根可以取下并点燃的火柴，以火柴燃尽寓意时间流逝的"火柴日历";以及每一天都是一个可以戳破的泡泡的"戳泡泡日历"。随着电子产品的普及,图形界面交互应用广泛,电子日历也越来越受欢迎。除了纯实体界面互动与纯图形界面交互外,实体互动与线上 App 互动结合的模式也越来越普遍。王颖、陈峰设计了一款日历,将动手拼装游戏和线上互动 App 相结合。

总的来说,日历的交互方式有实体交互、虚拟交互和两者相结合这三种类型。实体交互的趣味性、参与性更高,但是使用场景有一定限制,无法随时随地感知当前的状态;虚拟交互更为方便,但是反馈性不足,而且有时候需要调用 App 才能使用日历的功能;实体交互与虚拟交互相结合的方式综合了两者的优点,具有可玩性的同时,使用场所也不受限制,如图 5 - 46 所示。

图 5 -46
日历交互方式总结

5.4.3 设计实践

通过前面对于现有木质材料结构及日历交互等信息的总结，以及对于该类产品的使用环境及使用现状展开分析，帮助设计者更好地选择设计切入点与确定设计定位。本节将展开产品的设计实践部分，结合木质结构与实体交互，设计一款可标定特殊意义日期的可交互智能木制日历产品。

1. 设计定位

日历是日常生活中必不可少的时间规划工具，然而随着移动设备的发展，传统日历正在被电子日历取代并被广泛使用，随之而来的是电子日历使用的仪式感的缺失与设计审美同质化严重等问题。实体交互技术的发展使得传统日历与电子交互的结合成为可能，因此如何进行实体日历的再设计，重新唤醒人们对于时间的感知与把控成为设计实践的重要目标。

本产品设计的用户针对 18～30 岁注重仪式感与秩序感的年轻群体，此年龄阶段群体对于新事物的接受度和尝试意愿较高，对于新技术的学习能力较强，且学习与工作较为忙碌，有日历使用的功能需求。

设计部分选用日历进行再设计，将日期实体化，并从仪式感与秩序感两个方面进行功能设计；将传统日历中的"撕掉"以及"用笔划掉"的具有仪式感的手动渡过方式转化为"推倒相应日期木条"的使用方式来增加用户与日历的情感交互与时间仪式感，并提取标记重点日期这一日历中常用的功能。手动将欲标记日期进行分类标记，并输出直观的可视化时间节点，起到柔和而不存在压迫感的提醒，增加用户对于时间的秩序感与度过每一天的从容。产品打破了现有日历中机械功能化与传统单调化的两个设计方向，将两端进行平衡，在日历的提醒的功能外增加陪伴感。

产品主体采用木材，将木质结构传达出的淳朴自然、舒适温情与时间规划相结合，抽离科技充斥的疏离感，传达当下带来的温和与亲切，以期缓解快节奏生活与工作带来的紧张与焦虑。通过前期对于产品功能及造型要素的分析，产品需传达出自然、简洁的感觉。因此，产品造型形状选择简单及相对柔和的线条与单色纯净的信息展示效果，结合木质材料给用户带来的柔和自然的感觉，将产品与日常使用进行无意识融合。

2. 设计说明

1）产品功能与创新点

该设计为一款可标定特殊意义日期的可交互智能木制日历，日历主要包括表示日期的木条、固定外壳、日期标记及显示装置等结构模块，以及日期推倒模块、日期显示模块和日期标记模块三大功能模块。产品设计创新了日期显示及互动方式、将实体交互与传统日历的日期标记方式进行结合，并在每月可重复利用，实现了创新交互、可循环的设计理念。产品造型设计演化如图 5 −47 所示。

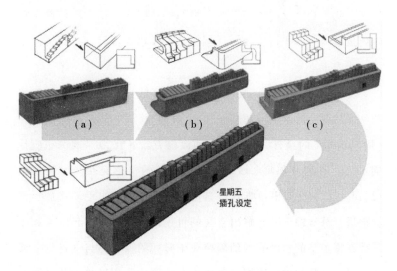

图 5 −47
产品造型设计演化

如图 5-48 所示，这种日历主要设计两大功能：日期显示及交互和标记特殊意义。在推倒功能模块中，使用 31 根木条代表显示每个月的 31 天，在木条的顶端刻有相应日期数字，可移动的日期木条可根据每个月的实际情况进行调换，31 跟木条与设计的对应推倒结构结合使用，可完成"推倒每根木条代表度过每一天"的交互功能。显示与标记装置功能模块对应进行特殊日期标记功能实现，标记功能通过日期木条插入对应类别孔洞实现，显示功能通过木条底座显示出对应类别灯光实现。当木条推倒，即这一天渡过后，标记功能立即失效。在整体的设计中，结合设计需求与设计要素并相互转化，简化电子日历复杂时间规划功能性，增强传统实体互动性。

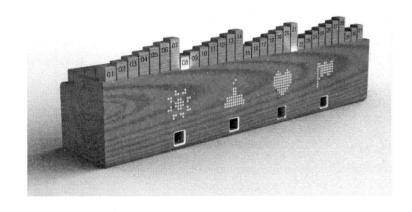

图 5-48
设计效果图

3. 产品的使用方式和交互流程

1）产品使用流程

该日历操作简单，通过 6 个动作便可以完成日历设置与调整：取-插-推-倒-换-新。①取：将重要日期所对应的木条取下；②插：将取下的木条插入到分类孔中标记重要事项；③推：推倒木条显示日期前进；④倒：木条被推倒后显示一天结束新一天的开始；⑤换：每月结束后，按照周数排列木条进入下一月的设置；

⑥新：排列后，进入新的一个月重新开始。具体的使用流程如图 5 – 49 所示。

录入特殊日期：
每月月初可将对应日期木条拿下，插入对应特殊日期种类孔中，进行录入操作。录入成功后，相应日期底座将亮起对应灯光；木条推倒后灯光消失。

排列日期：
每月末需按照周数重新排列木条日期，木条和底座都是单个分离，可灵活排列。

推倒日期：
每天结束的时候，用手指可将对应木条推倒，表示今天已过。

图 5 – 49
智能木制日历使用流程

2）产品交互模式

在目前传统的日历模式，电子日历成为主流的现状下，探索创新交互模式。对日历进行思考，注重用户的感受与体验，使用户在使用日历的过程中重新感受时间的流逝，增强用户对时间的掌控感，改善数字时代下日历的使用体验。

该日历交互模式的创新主要包括"显示日期前进"和"重要日期标记"两个方面，如图 5 – 50 所示。

在"显示日期前进"方面，该日历打破传统日历"撕页"方式和电子日历"直接跨过"的方式，而是采用了"推倒"的方式，将当天的木块推倒来表示一天的结束和新一天的开始，木条的 7 个不同高度代表周一至周日。这种操作把日期前进控制的主动权交给用户，使用户在心理上感受到时间的流逝，增强其对时间的掌控感，如图 5 - 51 所示。

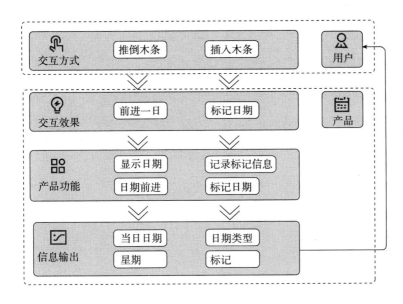

图 5 - 50
木制智能日历创新互动模式框架图

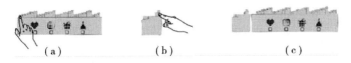

（a）1 号已经过去了；（b）将代表 1 号的木块推倒；（c）这样就代表一天已经过去了，将迎来新的一天

图 5 - 51
"显示日期前进" 交互方式

在"重要日期标记"方面，该日历将重要日期具象化，通过插入木块的方式来标记重要日期。重要日期分有四大类：节日、纪念日、生日、截止日期，不同类别日期对应不同色彩的灯光。每月月初，用户可将重要日期木块拿下，插入对应分类孔中，进行录入操作。木块轻插可切换同一类中不同事项，重插将木块赋

予对应事项分类。录入成功后，将木块放回，底座相应的孔会亮起对应灯光，来提醒你这一个月里的相关事项。当渡过这一天，木条被推倒后，灯光消失。通过这种重要日期具象化的交互方式创新，增强人们生活中的仪式感；使用木材材质的木块对重要日期的标记，木块如同木锁"锁定"重要日期，重要日期过完后自动"解锁"，温和淳朴的提醒方式，使人们在紧张的生活中感受到温暖与柔情，如图5-52所示。

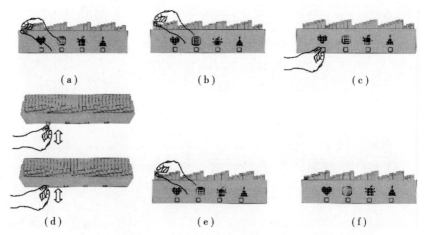

（a）选择重要的日子；（b）将代表那天的木块拿出；（c）选择重要日子合适的类别插入木块；（d）轻插可切换同一类中不同事项，重插则将木条赋予对应事项；（e）完成后将木块放回；（f）木块则会触发与插口同种灯光来提醒你相关的事项

图5-52
"重要日期标记"交互方式

上述创新实体交互模式，引发我们对日历本质与意义的思考，使用户从科技带来的疏离感中抽身，对时间的流逝有着更为真切的感受，同时增强对生活的掌控感，体味生活中的温情。

3）产品的技术和结构

使用开源硬件平台Arduino制作产品原型。屏幕中的图标采用由LED组成的点阵式数码管显示，再透过木纹贴皮设计；木条内部置入LED。木条侧面底面以及屏幕下方孔内均置有压力传感器。

有压力存在之后，木条与屏幕图表分别对应显示白光。产品技术结构图如图 5 - 53 所示。

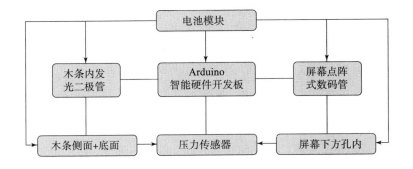

图 5 -53

产品技术结构图

5.4.4 设计评估

1. 用户体验评估

用户体验涉及用户使用产品的全过程，包括两者交互的方方面面。今天，对于用户来说，优秀的设计不仅是可用的，还应该为用户带来愉悦的使用感受。通过评估用户使用产品过程中的情感体验，可以对设计做出科学的评价，发现设计中的问题，指导设计的改进和优化。

1）评估方法

目前情感测量的方法主要有生理测量法和心理测量法两种。前者基于用户的生理反应，需要用不同的装置测量生理参数；后者方式灵活，已经得到广泛应用，包括语义差异法、口语分析法、PANAS 量尺法、PAD 测量法等。其中，PAD 测量法既能定性判断用户的情感，又能定量地表达用户的情感倾向。因此，一些研究者试图将其应用于设计领域。薛艳敏等借助眼动实验研究了网页界面设计元素对喜悦度 P、激活度 A 和主导度 D 的影响，以指导网页设计。平正强等将眼动实验和 PAD 情感量表结合，提出了针对交互设计的用户情感预测方法。蒋旎等基于 PAD 情感模型提出了一套情感体验评估方法，具有简单，快速，适用性强等特点，因此，本文借助该方法进行用户体验评估。

在 Osgood 的研究基础上，Mehrabian 等提出了 PAD 情感模型，认为情感由愉悦度（Pleasure）、激活度（Arousal）、优势度（Dominance）三个相互独立的维度构成。该三个维度构成了一个可以描述情感状态的情感空间，空间中的任一意位置能够对应一种情感状态，如图 5 - 54 所示。

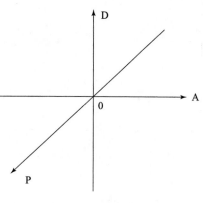

图 5 - 54　PAD 情感空间

基于 Mehrabian 等编制的 PAD 情感量表，中国科学院心理研究所针对中国语境总结出一套中文简化版 PAD 情绪量表（表 5 - 11），李晓明等考察了该量表在中国大学生群体中的适用性。该量表将 P、A、D 三个维度分别分解为四个测度，每一个测度为一组对立的情感词汇，分值从 - 4 到 4。P、A、D 的值分别取相应的四个测度的均值。

表 5 - 11　中文简化版情绪量表

情感维度	维度对应词汇
P：愉悦度	P1：愤怒的——感兴趣的
	P2：轻蔑的——友好的
	P3：痛苦的——高兴的
	P4：激怒的——兴奋的

156

中国传统木结构营造与当代智造再设计研究
Chinese Traditional Wood Structure Construction and Intelligent Manufacturing Redesign
第 5 章　中国传统木结构的当代智造设计研究

情感维度	维度对应词汇
A：激活度	A1：困倦的——清醒的
	A2：平静的——兴奋的
	A3：放松的——感兴趣的
	A4：拘谨的——惊讶的
D：优势度	D1：受控的——主控的
	D2：顺从的——支配的
	D3：谦卑的——高傲的
	D4：被影响的——有影响力的

通过表5-11，可以测得用户适用产品过程中的情感状态在PAD情感空间中的坐标位置，同时借助基本情感的PAD值（表5-12），便可以利用式（5.1）计算用户的情感状态在PAD情感空间中与14种基本情感的空间距离，进而得出其情感倾向。

$$L_n = \sqrt{(P - p_n)^2 + (A - a_n)^2 + (D - d_n)^2}, \ n = [1, 14], n \in Z$$

$$(5.1)$$

式中：L为用户情感状态与14种基本情感在情感空间内的坐标距离；P、A、D为被测情感状态在情感空间内的坐标值；p_n、a_n、d_n为基本情感类型的坐标值（表5-12）。依照式（5.1）与表5-12，可以计算获得被测情感状态与14种基本情感的14个欧氏距离值，记为 L1，L2，…，L14。其中，距离最小的基本情感类型为其PAD情感倾向。

表5-12 14种基本情感PAD值参照表

序号	情感类型	P 值	A 值	D 值
1	喜悦	2.77	1.21	1.42
2	乐观	2.48	1.05	1.75
3	轻松	2.19	-0.66	1.05
4	惊奇	1.72	1.71	0.22

序号	情感类型	P 值	A 值	D 值
5	温和	1.57	-0.79	0.38
6	依赖	0.39	-0.81	-1.48
7	无聊	-0.53	-1.25	-0.84
8	悲伤	-0.89	0.17	-0.70
9	恐惧	-0.93	1.30	-0.64
10	焦虑	-0.95	0.32	-0.63
11	藐视	-1.58	0.32	1.02
12	厌恶	-1.80	0.40	0.67
13	愤懑	-1.98	1.10	0.60
14	敌意	-2.08	1.00	1.12

2. 评估过程

1）评估准备

本次评估选择了三种日历：纸质日历、木质日历和智能手机日历 App（图 5-55），传统纸质日历和智能手机日历 App 是目前人们主要使用的看日期的工具，木质日历是本次设计的产品。

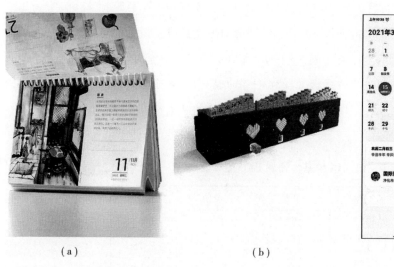

（a）　　　　　　　　　　（b）　　　　　　　　　　（c）

图 5-55　三种测试用的日历产品
（a）纸质日历；（b）木质日历；（b）智能手机日历 App

用户操作日历完成两个任务：①切换下一天的日期；②设定10 天以后为朋友的生日。

2）评估过程

测试者主要选择 18～30 岁的用户，共划分为三组：第一组测试纸质日历；第二组测试木质日历；第三组测试智能手机日历 App。

在实验过程中，实验人员首先向用户介绍此次测试的内容和任务，讲解木质日历的使用方法；然后用户独立完成设定的测试任务，完成任务后立即填写 PAD 情感量表，最后共回收 46 份有效问卷，其中纸质日历 15 份，木质日历 13 份，手机日历 App 共19 份。

3. 数据分析

1）数据的信度和效度

使用 SPSS 软件对量表中的 12 个题目进行信度分析，结果见表 5－13。总的克隆巴赫 Alpha 系数是 0.877，大于 0.8。删除个项后的克隆巴赫 Alpha 系数介于 0.850～0.875。说明本次研究数据信度质量较高，可用于进一步分析。

表 5－13　信度分析结果

维度	题项	删除个项后的 Alpha 层数	总体 Alpha
P：愉悦度	P1：愤怒的——感兴趣的	0.864	0.877
	P2：轻蔑的——友好的	0.861	
	P3：痛苦的——高兴的	0.855	
	P4：激怒的——兴奋的	0.851	
A：激活度	A1：困倦的——清醒的	0.873	
	A2：平静的——兴奋的	0.850	
	A3：放松的——感兴趣的	0.858	
	A4：拘谨的——惊讶的	0.861	

维度	题项	删除个项后的 Alpha 层数	总体 Alpha
D：优势度	D1：受控的——主控的	0.875	
	D2：顺从的——支配的	0.871	
	D3：谦卑的——高傲的	0.875	
	D4：被影响的——有影响力的	0.859	

使用 SPSS 软件对问卷中 12 个题项进行效度分析，分析结果如表 5－14 所列。KMO 值为 0.789，大于 0.7 的标准，Bartlett 值显著性水平 Sig 为 0.000，说明研究数据效度质量高，可用于进一步分析。

表 5－14　KMO 值和巴特利特检验分析结果

KMO 值	巴特利特球形度检验		
	近似 χ^2	自由度	显著性水平 Sig
0.798	329.018	66	0.000

2）结果分析

（1）根据 PAD 情感量表的填写结果，通过计算每组测试者的数据平均值，然后进一步用每个情感维度的四个测度的平均值算得三种产品的情感状态 PAD 情感值，如表 5－15 所列。

表 5－15　三种产品的情感状态 PAD 情感值

产品	P：愉悦度	A：激活度	D：优势度
纸质日历	1.63	0.63	1.34
木制日历	2.64	2.67	0.54
手机日历 APP	1.34	1.38	2.63

（2）按照式（5.1）计算得到三类产品的 PAD 值与 14 种基本情感（表 5－12）的情感空间距离，如表 5－16 所列，"纸质日历""木质日历""手机日历 App"被测情感空间距离最小值分别

为 1.27、1.46、1.53，分对应的情感倾向分别为"惊奇""喜悦""乐观"。

表 5－16　三类产品的 PAD 情感值与 14 种基本情感类型的情感空间距离

分类	喜悦	乐观	轻松	惊奇	温和	依赖	无聊	悲伤	恐惧	焦虑	藐视	厌恶	愤懑	敌意
纸质日历	1.39	1.28	1.42	1.27	1.51	3.03	3.34	3.01	3.05	3.01	3.23	3.44	3.65	3.74
木质日历	1.46	1.67	3.37	1.76	3.75	5.03	5.50	4.80	4.32	4.74	4.84	5.04	4.94	5.01
手机日历 APP	1.98	1.53	2.16	2.71	2.62	4.43	4.33	4.03	4.05	3.99	3.34	3.71	3.93	3.77

纸质日历的 PAD 情感值为 {1.63，0.63，1.34}，情感倾向为"惊奇"。三个为维度的数值均为正，说明纸质日历的使用体验比较良好，但激活度 D 值较小。纸质日历是一类成熟且被大众非常熟悉的产品，而且其功能和使用方法均比较简单，因此，用户在使用过程中并不会产生比较兴奋的情绪。

木质日历的 PAD 情感值为 {2.64，2.67，0.54}，情感倾向为"喜悦"。三个数值均为正数，木质日历的使用体验也比较良好，其中的愉悦度和激活度数值较高，说明新奇的产品和功能为用户带来了兴奋感和愉悦感。但是，优势度数值较低，用户对产品的掌控感较弱，相比于纸质日历，陌生且略显复杂的交互方式为用户带来愉悦和新奇的情感的同时，可用性有所降低。所以，该产品的改进方向应该是进一步优化其交互模式，用更简单、用户更熟悉的交互方式实现产品的功能。

手机日历 App 的 PAD 情感值为 {1.34，1.38，2.62}，情感倾向为"乐观"。手机日历 App 在三个维度都能带来比较好的体验，尤其是优势度，说明手机日历 App 的易用性很好。但是其愉悦度和激活度的数值较低，该产品带来的情感体验比较不足。

5.4.5　讨论

1. 研究过程满意之处

在材料的使用上，与传统抓握类玩具选择软性轻质材料不同，产品创新的选用了木材＋硅胶的组合，保证抓握舒适性的同时，增加了玩具的重量，从而更好地锻炼脑瘫儿童的抓握能力，而且充分利用硅胶易变形的特征，使理想的交互效果得以实现。

本研究通过对实体日历的再设计，重新使人们体会到时间的流逝，唤醒人们对时间的感知与掌控。同时，对相关产品进行用户体验比较，验证产品优良的用户体验。

在设计中，满意之处主要在于实体交互、产品的造型及材料上。在产品实体交互方式上，创新性地应用了"推倒相应日期木条""锁定重要日期"的交互方式，使用户能够感知时间并主动控制时间；在产品造型及材料上，简洁的几何造型与传统的木制材料结合，使产品的温和与智能相交融。

在用户体验评估中，使用 PAD 测量法，将生活中主流的三类日历进行对比评估，几乎涵盖了所有的产品；同时进行信度效度检验，因而得出的结果客观有效。

2. 受条件所限不满意之处

当然木质日历也存在着一些不足。在做用户体验评估的过程中，通过调研也发现了一些问题：①木质日历与传统的纸质日历和手机日历 App 相比较学习成本较高，需要用户投入一定的精力，而且木质日历可能需要相配套的说明来讲述其使用过程，这是后期的设计中可能需要完善的部分。②可能相对来说木质日历的使用操作比较烦琐，每到新的一个月都需要将日历的底座和代表日期的木条进行调整，而且木条和底座的数量都比较多，可能较容易丢失。如果接下来要进行深化，可能要更多考虑操作以及相关

162

中国传统木结构营造与当代智造再设计研究
Chinese Traditional Wood Structure Construction and Intelligent Manufacturing Redesign
第5章　中国传统木结构的当代智造设计研究

配件的简化。③产品并未制作实物模型，对于其生产工艺、使用材料以及生产中可能会存在的问题考虑较少，在未来希望可以有机会将产品实现出来，来更好地了解产品存在的问题，方便进一步改进。

3. 产品的更多应用

产品现阶段主要针对的是年轻人，以大学生与上班族为主。在场景上设定上主要是在家中以及工作的地方。除了最初产品考虑的一些运用场景，我们可以充分发挥产品的优势，即对于时间的可视化及仪式感。可以将产品作为大型的公共雕塑，以一种新的方式让人们感受到时间在一点点流逝，唤起人们对时间的珍惜。同时，也可以利用在一些任务的冲刺阶段，如高考的冲刺阶段，可以让考生感受到时间的紧迫，抓紧时间学习等。

4. 结论

基于中国传统木结构的特点和实体交互的概念，进行了新型木质日历的设计探索。既保留了用户直接与产品交互的特点，强化了日历中时间的流逝感，同时运用现代技术，实现智能化与实体交互的结合。增加了日历产品的趣味性和交互性。

借助基于PAD情感模型的情感测量方法，进行了产品用户体验的评估，我们发现：①传统纸质日历的使用体验良好，但不会让用户产生激活度较高的情绪；②手机中数字日历的可用性优良，但情感体验不足；③此次设计的木质日历则能够为用户带来兴奋感和愉悦感，但可用性不足。

此次设计的木质日历初步实现了设计目标：将传统纸质日历与数字日历相结合，唤醒人们对于时间的感知；但是，陌生的交互方式使可用性降低，可以作为产品改进的方向。同时，利用了木质材料屏幕显示的技术，将中国传统木结构运用于现代智能日历的设计，将技术和自然材料结合，提高产品的情感体验，是木结构和木质材料应用于现代智能产品的一次探索。

参考文献

[1] 许蓉蓉，贺雪梅．木塑复合材料在工业产品中的应用及研究进展 [J]．合成树脂及塑料，2019，36（01）：91－95．

[2] 彭晓瑞，张占宽．我国家具市场现状与发展趋势分析 [J]．中国人造板，2020，27（05）：1－6．

[3] 方方，关惠元．新中式家具可成长式设计探析 [J]．包装工程，2014，35（12）：24－28．DOI：10.19554/j.cnki.1001－3563.2014.12.006．

[4] 徐其文．弯曲木成型技术及其在家具制作中的应用研究 [J]．南通工学院学报（自然科学版），2002（03）：94－96．

[5] 李聪，李伟丽．基于榫卯结构的儿童木制玩具设计 [J]．设计，2021，34（08）：138－141．

[6] 陈思宇．木制玩具设计发展趋势探索 [J]．新西部（下半月），2009（04）：152－153．

[7] 王丽蓉．现代家具设计中的"中国主义" [D]．呼和浩特：内蒙古师范大学，2010．

[8] 杨叶红．"城市家具"——城市公共设施设计研究 [D]．重庆：西南交通大学，2007．

[9] 李文．钢木结合榫卯连接柜设计研究 [J]．国际木业，2020，50（04）：34－37．

[10] 张仕秋．明式家具的创新与传承——以汉斯·瓦格纳的"中国椅子"为例 [J]．品牌研究，2019（01）：100－101．DOI：10.19373/j.cnki.14－1384/f.2019.01.046．

［11］李文．钢木结合榫卯连接柜设计研究［J］.国际木业，2020，50（04）：34－37.

［12］周婷．不同材质在现代木制玩具形态中的运用研究［D］.武汉：湖北工业大学，2011.

［13］单徐榕，梁倪莹，李晶．基于木材特性的木制玩具艺术性分析［J］.艺海，2020（06）：106－108.

［14］史惟，李惠，苏怡，等．脑瘫患儿手功能分级系统的信度和效度研究［J］.中国循证儿科杂志，2009，4（03）：263－269.

［15］张春梅，梁慧．拇指内扣训练对改善小儿脑瘫精细运动功能的影响［J］.右江医学，2019，47（05）：356－359.

［16］王佳丽，吴卫红，尹文刚．脑性瘫痪儿童神经心理功能障碍的特征［J］.中国康复医学杂志，2015，30（10）：1002－1008.

［17］廖洪波，罗专，张晓霞，等．70项脑瘫儿童综合康复评定量表的研究：设计与评测［A］.中国康复研究中心．第八届北京国际康复论坛论文集（下册）［C］//中国康复研究中心：《中国康复理论与实践》编辑部，2013.

［18］张云丽．引导式教育对脑瘫患儿粗大运动功能及生活自理能力的影响［J］.中外医学研究，2020，18（29）：175－177.

［19］蔡文睿．福利院儿童行为引导产品的情感化设计研究［D］.广州：广东工业大学，2019.

［20］余燕，谭和平．积极行为支持对儿童攻击行为干预的研究综述［J］.现代特殊教育，2019（22）：13－19.

［21］万蓓．积极行为支持用于智障儿童问题行为干预的研究［D］.上海：华东师范大学，2007.

［22］郭冰．家具情感化设计策略研究［J］.艺术品鉴，2019

（35）：221 – 222.

［23］任英丽，吴诗瑾．基于用户体验的多关节主被动训练仪可用性研究［J/OL］．图学学报：1 – 8［2021 – 03 – 16］．http：//kns. cnki. net/kcms/detail/10. 1034. T. 20201118. 1816. 050. html.

［24］卢兆麟，李升波，Schroeder Felix，等．结合自然语言处理与改进层次分析法的乘用车驾驶舒适性评价［J］．清华大学学报（自然科学版），2016，56（02）：137 – 143.

［25］赵艳晓，应放天，方倩怡，等．基于 FAHP 的肿瘤儿童医疗游戏辅导玩具设计研究［J/OL］．包装工程

［26］陈杨威，郁舒兰，李策，等．产品材料与形态设计相契合的研究［J］．大众文艺，2016（13）：67.

［27］何敏娟，何桂荣，梁峰，等．中国木结构近 20 年发展历程［J］．建筑结构，2019，49（19）：83 – 90.

［28］Ishii H，Ullmer B. Tangible Bits：Towards Seamless Interfaces between People，Bits and Atoms［C］．Proceedings of the ACM SIGCHI Conference on Human Factors in Computing Systems，1997.

［29］涂阳军，杨智，马超群．基于联觉的食品包装设计方法［J］．装饰，2013（08）：116 – 117.

［30］程宽．基于视听联觉教育的智能玩具设计研究［D］．杭州：浙江大学，2016.

［31］徐楠．基于"联觉"感知的飞机客舱餐具体验设计研究［D］．杭州：浙江理工大学，2019.

［32］马其泽．基于艺术通感理论的智能编曲儿童绘板设计与实现［D］．哈尔滨：哈尔滨工业大学，2018.

［33］Janik McErlean A B，Banissy M J. Color Processing in Synesthesia：What Synesthesia Can and Cannot Tell Us About Mechanisms of Color Processing.［J］．Topics in Cognitive Science，

2017, 9（1）：215.

［34］潘红莲，朱婷婷. 论色彩与音乐之通感（联觉）的转化途径与实现［J］. 绵阳师范学院学报，2020，39（10）：142-145.

［35］宋丹丹. 木材质创意构成形式在室内空间中的应用研究［D］. 沈阳：沈阳建筑大学，2018.

［36］刘伟庆，杨会峰. 现代木结构研究进展［J］. 建筑结构学报，2019，40（02）：16-43.

［37］吴义强. 木材科学与技术研究新进展［J］. 中南林业科技大学学报，2021，41（01）：1-28.

［38］林志德. 膨化木材与塑料等复合的技术［P］. 上海：CN1065035，1992-10-07.

［39］詹晖. 我国木结构连接件发展与应用现状浅谈［J］. 建设科技，2019（17）：92-95+3.

［40］陆琬青，张凌浩. 导入交互理念的家居产品设计研究［J］. 包装工程，2011，32（20）：38-41+49.

［41］孔繁霞. 基于符号学理论的钟表设计演变与创新［J］. 工业设计，2021（01）：50-51.

［42］尹心逸，刘宗明，黄彦可. "时之音"智能时钟+音响创意组合产品设计［J］. 湖南包装，2020，35（03）：161.

［43］单徐榕，梁倪莹，李晶. 基于木材特性的木制玩具艺术性分析［J］. 艺海，2020（06）：106-108.

［44］李冠斌. 时钟产品设计与包装［J］. 设计，2019，32（20）：35.

［45］徐青. 基于实体交互的健康办公家具设计研究［D］. 青岛：青岛理工大学，2019.

［46］王晨曦. 中国传统木结构之榫卯结构的美学研究［J］. 美与时代（上），2019（03）：16-18.

[47] 徐萃曦. 以斗拱为例看中国传统建筑构件在当代的应用 [J].建材与装饰，2017（46）：163.

[48] 汪默. 基于实体交互的智能硬件产品设计方法 [D].长沙：湖南大学，2017.

[49] 樊承谋，陈松来. 木结构科技的新发展 [J].哈尔滨工业大学学报，2004（06）：812－814.

[50] 唐纳德·A.诺曼. 情感化设计 [M].付秋芳，程进三，译.北京：电子工业出版社，2005.

[51] 王选. 基于有形交互的交互式产品设计研究 [D].徐州：中国矿业大学，2015.

[52] 黄海燕，吕九芳. 青少年木质文创玩具设计研究 [J].家具，2017，38（02）：74－77＋112.

[53] 黄昊，曹恩国，甄智椋，等. 交互设计系统方法在时钟设计上的应用研究 [J].包装工程，2015，36（24）：132－136.

[54] 张驰. 传统木质装饰材料在现代居室中的应用研究 [D].郑州：中原工学院，2015.

[55] 丛鑫. 中国传统木结构榫卯的建构研究 [D].北京：北京林业大学，2012.

[56] 张慧忠. 时间错觉在交互设计中的应用研究 [D].南京：江南大学，2012.

[57] 江湘云. 设计材料及加工工艺 [M].北京，北京理工大学出版社，2003（8）：117－124.

[58] 程旭锋. 关注工业设计中的木质产品 [J].包装工程，2012，33（06）：85－88.

[59] 周橙旻，朱诣凡，于梦楠，等. 基于年轻消费群心理调研的实木家具设计探究 [J].包装工程，2018，39（24）：226－231.

［60］刘树老，王黎．论中国传统木构建筑与木制家具的关系［J］．装饰，2007（02）：94－95.

［61］木质功能材料的创新与应用［J］．国际木业，2017，47（09）：36－38.

［62］秦元元，高承珊．基于情感化设计的日历形式研究［J］．大众文艺，2013（19）：99－100.

［63］Viction：ary. Save the date：new ideas and approaches in calendar design. Hong Kong：Viction：ary，2010.

［64］深圳市艺力文化发展有限公司．日历·集［M］．大连：大连理工大学出版社，2011.

［65］平面设计编辑组．年轮－日历设计［M］．贺丽，译．沈阳：辽宁科学技术出版社，2011.

［66］王颖，陈峰．博物馆互动游戏型文创探析——以南京博物院"竹林七贤"日历设计为例［J］．设计，2019，32（19）：22－24.

［67］丁俊武，杨东涛，曹亚东，等．基于情感的产品创新设计研究综述［J］．科技进步与对策，2010，27（15）：156－160.

［68］林丽，阳明庆，张超，等．产品情感研究及情感测量的关键技术［J］．图学学报，2013，34（1）：122－127.

［69］薛艳敏，戴毓．网页设计元素对 PAD 情感体验的影响研究［J］．装饰，2018（2）：124－125.

［70］平正强，吕健，潘伟杰，等．移动终端用户交互行为的情感预测方法研究［J］．图学学报，2016，37（6）：765－770.

［71］蒋旎，李然，刘春尧．PAD 情感模型在用户情感体验评估中的应用［J］．包装工程．https：//kns. cnki. net/kcms/detail/50. 1094. TB. 20201118. 1631. 012. html.

［72］Osgood C E. Dimensionality of the semantic space for communication via facial expressions ［J］. Scandinavian Journal of Psychology, 1966, 7 (1)：1 – 30.

［73］Mehrabian A. Pleasure – Arousal – Dominance：A general framework for describing and measuring individual differences in temperament ［J］. Current psychology (New Brunswick, N. J.), 1996, 14 (4)：261 – 292.

［74］张雪英, 张婷, 孙颖, 等 . 基于 PAD 模型的级联分类情感语音识别 ［J］. 太原理工大学学报, 2018 (5)：731 – 735.

［75］李晓明, 傅小兰, 邓国峰 . 中文简化版 PAD 情绪量表在京大学生中的初步试用 ［J］. 中国心理卫生杂志, 2008, 22 (5)：327 – 329.

［76］李晓明, 傅小兰, 邓国峰 . 中文简化版 PAD 情绪量表在京大学生中的初步试用 ［J］. 中国心理卫生杂志, 2008, 22 (5)：327 – 329.

［77］平正强, 吕健, 潘伟杰, 等 . 移动终端用户交互行为的情感预测方法研究 ［J］. 图学学报, 2016, 37.

［78］李晓明 . PAD 三维情感模型 ［J］. 计算机世界, 2007 – 01 – 29 (B14).

［79］蒋旎, 李然, 刘春尧 . PAD 情感模型在用户情感体验评估中的应用 ［J］. 包装工程 . https：//kns. cnki. net/kcms/detail/ 50. 1094. TB. 20201118. 1631. 012. html.

致　　谢

致谢本书第五章节为设计实践，来源于付久强老师知道的研究生课程设计方案，特此感谢参与设计实践的同学。

《脑瘫儿童交互式木质玩具设计》

参与课题设计实践与理论研究的学生：魏宸，蒋如意，李冰，宋文慧，柳慧，栾允梅，魏睿婕，孙少杰，夏逸雨，关湘粤，侯思敏。

指导教师：付久强

《基于联觉创新体验的木质结构智造设计》

参与课题设计实践与理论研究的学生：毕子晗，孙帅，王晨曦，郭凯敏，张若晨，付一博，刘瑞，韩志晓，齐帅兵，宋鑫衡。

指导教师：付久强

《木质时钟实体交互用户体验设计》

参与课题设计实践与理论研究的学生：聂文，曹若巍，周姝男，张勃旸，穆思佳，郭清清，柯一诺，刘笑颜，王樱霓，陈琦。

指导教师：付久强

《木制智能日历用户体验设计》

参与课题设计实践与理论研究的学生：张无为，江雨桐，杨慧敏，邵美涵，陈海峰，邹玉芳，张凯，刘天琪，李春晓，杨鑫。

指导教师：付久强